ロボット大研究

どうなる？ こうなる？
③ ドリーム☆ロボット

監修
一般社団法人
日本ロボット工業会

フレーベル館

目次

ロボットの未来をつくる!! ·················· 4
監修紹介 ·················· 6

1 ロボットがある、ちょっと未来のくらし

らくらく！ 自動運転 ·················· 8
ドローンが空からびゅーんと配達 ·················· 10
水上ロボットですいすい移動 ·················· 12
ロボットで広がる未来のスポーツ ·················· 14
自分のかわりに分身ロボット！ ·················· 16
コラム へん!? なロボット ·················· 18
コラム ロボットがファッションに!? ·················· 20

2 ロボットのおもしろい研究分野いろいろ

お手本は生きもの！ バイオロボティクス ·················· 22
とても小さなマイクロロボット ·················· 24
分子からつくる分子ロボティクス ·················· 25
人に近づくヒューマノイド ·················· 26
ロボットにとって、いちばんよいすがた ·················· 27
コラム こんなものにも人工知能 ·················· 28
コラム ロボット競技大会にチャレンジ！ ·················· 30

3 ロボットを研究開発している人たち

岡田美智男先生（豊橋技術科学大学） ・・・・・・・・・・・・・・ 32
菅野重樹先生（早稲田大学） ・・・・・・・・・・・・・・・・・・・・・・ 34
中村太郎先生（中央大学） ・・・・・・・・・・・・・・・・・・・・・・・・ 36
菊池耕生先生（千葉工業大学） ・・・・・・・・・・・・・・・・・・・・ 38
金出武雄先生（カーネギーメロン大学） ・・・・・・・・・・・・ 40
久保田孝先生（宇宙航空研究開発機構 JAXA） ・・・・・・ 42
高橋智隆さん（株式会社ロボ・ガレージ） ・・・・・・・・・・ 44
阿嘉倫大さん（スケルトニクス株式会社） ・・・・・・・・・・ 46
渋谷正樹さん（富士ソフト株式会社） ・・・・・・・・・・・・・・ 48

コラム ロボットと触れあえる・出会える場所 ・・・・・・・・・ 50
コラム ロボットにかかわる勉強・仕事をするには？ ・・・ 52

さくいん ・・・・・・・・・・・・・・・・・・・・・・・・・・・・・・・・・・・・・・・ 54

ロボットの未来をつくる!!

　人のくらしの中で役に立ったり、人を感動させたりと、ロボットはさまざまな面で進歩しつづけています。そのロボットのとなりには、必ず、ともに歩む研究者、開発者たちがいます。この本では、今まさに開発中のロボットや、情熱をもってロボットの未来をつくる人たちについて見ていきます。

「弱いロボット」が人の心を豊かにする
豊橋技術科学大学　岡田美智男先生
（→32ページ）

小型ロボットがもつ大きな可能性
千葉工業大学　菊池耕生先生
（→38ページ）

私タチヲ、ツクッテクレテアリガトウ！

宇宙も深海も探査できるミミズロボット！
中央大学　中村太郎先生（→36ページ）

めざすは、みずから生きようとするロボット
早稲田大学　菅野重樹先生（→p34ページ）

ロボットの理想の3条件

●日本工業規格(JIS)による定義
「産業用ロボット」とは……自動制御によるマニピュレーション機能または移動機能をもち、各種の作業をプログラムによって実行できる、産業に使用される機械。

●ロボット政策研究会(経済産業省)による定義
「ロボット」とは……センサ、知能・制御系、駆動系の3つの要素技術を有する、知能化した機械システム。

ロボットノ用語ニツイテワ1巻ヲ見テネ

これらの定義によるとロボットとは……

❶ **プログラムにしたがって、自分で判断して**
❷ **自動で動いて**
❸ **人の役に立つ**　機械！

ロボットは、人間の生活や活動を手助けする目的でつくられているのです。

コミュニケーションロボットを
もっと身近なものに
株式会社ロボ・ガレージ
高橋智隆さん（→44ページ）

月や火星で活やくする
探査機をつくりたい
JAXA　久保田孝先生
（→42ページ）

人がのれる
「巨大ロボット」をつくる
スケルトニクス株式会社
阿嘉倫大さん
（→46ページ）

「画像認識」で自動運転の
技術を向上させる
カーネギーメロン大学
金出武雄先生
（→40ページ）

たくさんの人に
使いやすいロボットをとどけたい
富士ソフト株式会社　渋谷正樹さん
（→48ページ）

ロボットに似たもの相関図

ヒューマノイド
人間型のロボット（ヒューマノイドロボット）の意味で使われることが多い。

サイボーグ
もともとは体の機能を強化した改造人間を意味したが、今では、義手や人工臓器など、失われた体の部位を機械でおぎなう技術を指すことが多い。

人工知能・AI
機械に人間のような知能をもたせるという取り組みから生まれたもので、ロボット本体ではなく、ロボットを動かすプログラムを意味する。

アンドロイド
人型のロボットをアンドロイドとよぶのが一般的。男性型のものをアンドロイド、女性型のものはガイノイドと区別することもある。

監修紹介

一般社団法人 日本ロボット工業会
（Japan Robot Association：JARA）

ロボットに関する研究開発の推進、利用技術の普及などを行う業界団体。ロボット産業の振興、ロボットに関する統計調査、広報活動、国際交流の推進、ロボットの規格化・標準化の推進、展示会やシンポジウムの開催など、さまざまな事業を実施している。

- 1971年 ●「産業用ロボット懇談会」として設立
- 1972年 ●「日本産業用ロボット工業会」と改称
- 1973年 ● 社団法人化
- 1994年 ●「日本ロボット工業会」となる
- 2012年 ● 一般社団法人へ移行
- 現在の「一般社団法人日本ロボット工業会」となる

ウェブサイト　http://www.jara.jp/
ロボットについての情報が、たくさんのっているよ！

1 ロボットがある、ちょっと未来のくらし

ロボットの技術で
どんどん便利に

ロボットの技術が身近なものになり、以前に比べて私たちの生活は便利になりました。今このときも、ロボットの研究開発は進んでいます。この章では、これから先のくらしに役立ちそうな、新しいロボットの技術や研究中のロボットを紹介します。

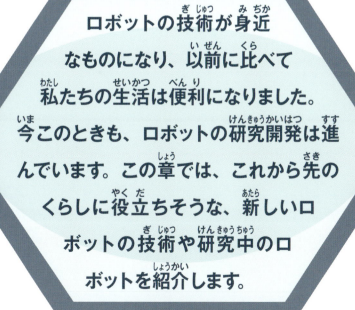

らくらく！自動運転

　行き先をカーナビ（カーナビゲーション）に入力するだけで、目的地まで自動運転で連れていってくれる。そんな研究が進んでいます。こうした技術によって、自分で運転するのがむずかしいお年よりや体の不自由な人も、自由に移動できるようになると期待されています。

自動で運転、自動でブレーキ

現在発売されている車の中にも、ぶつかりそうなときに自動でブレーキをかけてくれるものはあります。しかし、ブレーキに加え、自動でアクセルをふみ、ハンドル操作をするという、完全自動運転の車はまだ公道を走ることができません。テストコースではすでに走っており、2020年までには発売される予定です。

自動運転のレベル （参考：内閣府資料ほか）

ふつうの運転から、完全な自動運転までレベルがわかれています。レベル2以上はまだテスト段階です。

レベル0	アクセル、ハンドル、ブレーキ操作を、すべてドライバーが行う。車が自動操作を行わない、ふつうの運転。
レベル1	アクセル、ハンドル、ブレーキ操作のうち、ひとつを車が自動で行う。
レベル2	アクセル、ハンドル、ブレーキ操作のうち、ふたつ以上を車が自動で行う。
レベル3	アクセル、ハンドル、ブレーキ操作のすべてを車が自動で行うが、車の人工知能（AI）が対応できない場合にはドライバーが操作する。
レベル4	アクセル、ハンドル、ブレーキ操作のすべてを車が自動で行い、ドライバーはまったく操作する必要がない（完全走行システム）。

一般道で自動運転のテスト走行をする日産自動車の車。ハンドルから手をはなして運転している。

いつかはこんなドライブもできる!?

人工知能（AI）にできることは運転だけではありません。のっている人を識別して好みの音楽をかけたり、ドライバーのつかれ具合を読みとって自動運転への切りかえをすすめたり、たいくつしないように話しかけたりといったことも、将来可能になりそうです。

自動運転の仕組み

人工衛星

❶感知する
人工衛星を使って位置を知ることができるGPSや、カメラ、レーザなどのセンサで、現在位置や天気、道路の段差、信号、車をとめるスペースなどを感知します。

❷判断する
人工知能（AI）が状況を判断して、障害物をよけたり、車間きょり（車と車の間のきょり）を保ったり、室内温度を調整したりします。

❸動かす
ハンドル、アクセル、ブレーキ、ウインカー、クラクションなどを操作して、適切に車を動かします。

事故やじゅうたいをへらす

人工知能（AI）はつかれることも、うっかりミスをすることもなく、何かあったときの反応も速いので、人間が運転するよりも安全だという考えもあります。また、人工知能が運転することで、車間きょりがちょうどよく保たれるので、じゅうたいが少なくなることも期待されています。

自動運転ののりもの

すでに自動運転が実用化されているのりものも、少なくありません。障害物のない空間を長時間移動する飛行機には、1960年代から部分的にオートパイロット（自動飛行）システムが取りいれられています。また、モノレールや地下鉄のような地上を走らない電車は、安全確保がしやすいので、1970年代から自動運転を導入しているものがあります。

モノレールなどのように、無人で運行している交通機関もあるが、はなれたところで人間が運転状況を見守っている。

飛行機は無人操縦ではなくパイロットがいるが、オートパイロットシステムが組みこまれていて、上空では自動操縦している。

ドローンが空からびゅーんと配達

ドローンは、無人航空機の一種です。ラジコンなどで遠隔操作する小型のものから、重い荷物を積める大型のもの、自分で判断して飛ぶようプログラムされたロボット型のドローンまであります。このドローンを使って、荷物を宅配する実験が進んでいます。

時間も人も少なくてすむ

ロボット型のドローンには、カメラやGPSなどのセンサが組みこまれています。このセンサによって姿勢を水平に保ちながら、指定されたルートを飛行することができます。ドローンは空中を飛ぶので、じゅうたいにまきこまれることもありません。また小まわりもきくので、誤差わずか1センチメートルという精度で、決められた場所に着陸することができます。短いきょりであれば、トラックで配達するよりも早くとどけられる上に、使用エネルギーも少なくてすみ、人件費も節約できるなど、ドローンでの配達にはたくさんのメリットがあります。

千葉市で実験スタート

千葉県千葉市では2016年4月から、ドローンを宅配便に使う実験がはじまりました。荷物が保管されている倉庫から、マンションなど住宅近くの集積所や店までは、大型ドローンが運びます。集積所からお客さんの部屋のベランダまでは、小まわりのきく小型ドローンで運んでいきます。実験の対象となるマンションには、ドローン着陸用のスペースがつくられました。こうした受けとり側の設備もふくめて、2019年の実用化をめざしています。

千葉市での、ドローンによる宅配実験の開始日に、機体を囲む千葉市長（写真手前左）ほか。

©共同通信社／アマナイメージズ

アメリカで荷物を運ぶテストをしているドローン。

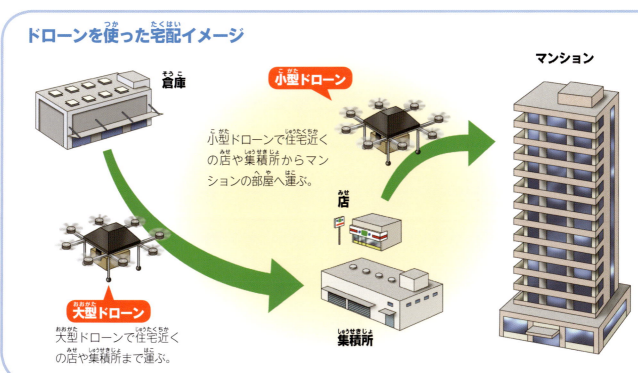

ドローンを使った宅配イメージ

倉庫

小型ドローン
小型ドローンで住宅近くの店や集積所からマンションの部屋へ運ぶ。

店

集積所

マンション

大型ドローン
大型ドローンで住宅近くの店や集積所まで運ぶ。

水上ロボットですいすい移動

立った人をのせて、水の上をすいすいと動きまわるのが、水上移動ロボットのMINAMOです。ドーナツ型のMINAMOにのりこみ、体をかたむけることで、前後左右に移動することができます。

まるで歩くように進める

MINAMOにのると、立ったまま水面を移動できます。まるで忍者のように、すーっと進みますが、これには、船と同じスクリュー（※）が使われています。直径1.2メートルの浮輪の下には、4つのスクリューがあり、360度どの方向にも動ける上に、くるくると回転することもできます。体重移動のみで操作を行うため、手は自由に使えるほか、足もとのカメラで水中のようすを観察することもでき、いろいろな分野で活用できそうなロボットです。

移動速度は1秒間に60センチメートル（1時間に約2.2キロメートル）ほどで、人工衛星を使って位置を知ることができるGPSを使った自動運転もめざしています。また、人間がのっていても多少の波ではひっくりかえらないことが、実験で確認されています。

MINAMOにのって水中を移動する人。MINAMOは100キログラムまでの重さにたえられるので、標準的な体形のおとななら、のることができる。

©首都大学東京 武居研究室

※スクリュー：船が進むための装置。何枚かのプロペラを水中でまわして、その回転力で進む。

作業用やアトラクション用ロボットに

MINAMOは開発途中のロボットで、実際にどんな使い方をされるのか、まだ決まっていません。開発者である首都大学東京の武居直行先生は、遊園地の水上アトラクション用ロボットとしての利用などを考えていて、2020年の実用化をめざしています。また、操縦する人は両手が自由に使えるため、アトラクション施設の水質調査やそうじなどの作業にも活用できそうです。

中のようす

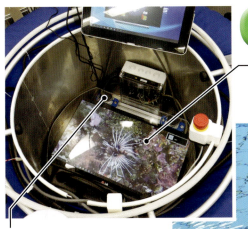

足もとディスプレイ
水中カメラの映像をうつすことができます。

フォースプレート
角それぞれにあり、体重のかかり方を測定します。

水上移動ロボットMINAMO本体。ハンドルはなく、内部のセンサで体重の動きを感知して移動する。前方の底にある水中カメラの映像を、足もとのディスプレイにうつすことができる。

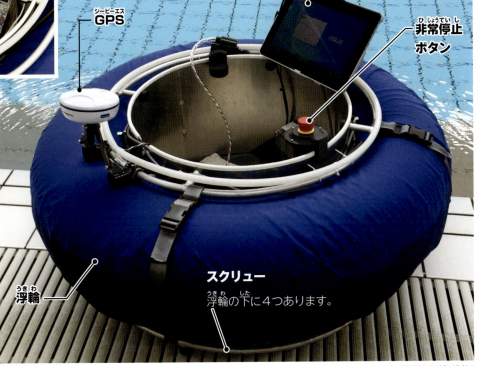

前方ディスプレイ
タッチパネルになっていて、メニューを選択したり、情報を表示したりします。

GPS

非常停止ボタン

浮輪

スクリュー
浮輪の下に4つあります。

©首都大学東京 武居研究室

水にうくアメンボロボット

水の上を6本足で移動するアメンボのようなロボットもつくられています。このロボットは、4本の足につけられた発泡スチロールによって水面にうかび、オールの形をした2本の中足で水をかいて進みます。ラジコンで操作し、小型カメラで水中のようすを撮影することもできます。

中央大学の中村太郎先生がつくったアメンボロボット（→36ページ）。琵琶湖での環境調査に使われたこともある。

©中央大学 中村研究室

ロボットで広がる未来のスポーツ

スポーツの分野でも、ロボットが活やくしはじめています。未来のロボットは、人とともにスポーツをするのはもちろん、人の能力を引きだす役割をしてくれるかもしれません。

ラリーできる卓球ロボット

卓球ロボット「フォルフェウス」は、人工知能（AI）やセンサ、カメラなどにより、卓球する相手の位置やボールの動きなどを予測します。それをもとに、ラケットの角度などを調整し、打ちかえしてくれ、人とロボットがボールを打ちあうラリーをすることができます。ボールを打ちあいながら、ロボットが相手の人間の特ちょうや、ボールの動きを学習し、すぐに判断して合わせてくれるので、ラリーを長く続けることができます。

左右にあるふたつのカメラで、人の目と同じように立体的にボールを認識。また中央部分にあるカメラで、人の体の特ちょうをつかむ。

ラケットをもつうでの部分は、産業用ロボットを応用。

卓球台にうめこまれたセンサが、相手（人間）と自分（ロボット）が打つボールの動きを、いっしゅんで計算する。

ラケットをふるタイミング、方向などをコントロールするコントローラ。本体とは別にある。

人とラリーをするフォルフェウス。フォルフェウスは、電気機器メーカー・オムロンが、「人と機械がおたがいに成長する未来のすがた」をあらわすロボットとしてつくった。

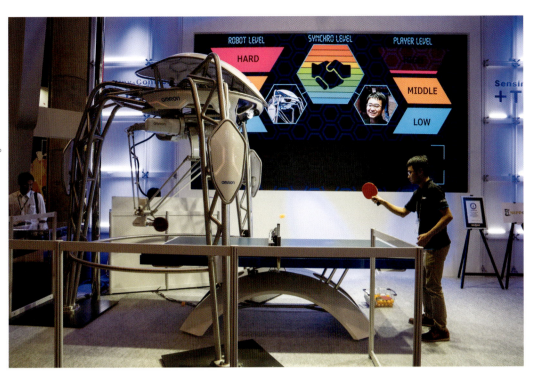

優秀な卓球コーチにもなる

人工知能（AI）の学習能力によって、ラリー中に相手の卓球レベルを判断し、その人に合ったボールを打ちかえしてくれるので、フォルフェウスとラリーすることで、卓球の上達が期待できます。世界初の「卓球コーチロボット」として、ギネス世界記録に認定されたフォルフェウス。いつか、ロボット卓球コーチが育てた選手が誕生するかもしれませんね。

みんなが安全に楽しめる球技をめざして

©東京大学暦本研究室

かごのようなものの中にドローンが入った、このボール状のものは、東京大学の暦本純一先生が研究している「ホバーボール」です。ちがう方向に投げても、目的の人のところへ飛んでいったり、ボールのスピードを落としたりと、使う人の体力や能力に合わせてボールの動きをコントロールできます。将来、ホバーボールが実用化されれば、子どもやお年より、体が不自由な人も、みんなが安全に球技を楽しむことができるでしょう。

自分のかわりに分身ロボット！

　このロボットの名前は「テレプレゼンスロボット」。プレゼンスとは「存在感」という意味で、モニタを通じて自分のかわりに存在感を出せる、分身ロボットなのです。

家にいながら会社の会議に

　パソコンやインターネットなどが広まったことで、会社に行かずに自宅で仕事をする人もふえています。テレプレゼンスロボットを使えば、自宅にいながら会社の人と会話ができ、海外で行われる会議にもすぐに参加できます。全員で同じ部屋に集まって、テレビにうつった相手とやりとりするテレビ会議とちがって、テレプレゼンスロボットは人のとなりに移動したり、向きあって会話したりでき、存在感があるので、参加した人たちの記おくにも強く残ります。また、車輪で移動し、ならんで歩きながら会話することもできます。コンピュータに目的地を入力するだけで、自動で移動するというすぐれものです。

©日本バイナリー

アメリカではテレプレゼンスロボットを導入する会社がふえてきているという。

©日本バイナリー

会社にあるテレプレゼンスロボットにアクセスすれば、家にいながら会社の人とならんで歩き、会話することもできる。移動するときに、ものにぶつからないかといった判断は、ロボットが自動で行う。

出かけられなくても参加できる！

テレプレゼンスロボットがあれば、体の不自由な人や出かけられない人でも、いろいろな集まりに参加できます。また、近くに病院がない患者さんを、医師がテレプレゼンスロボットを通じて診察したり、病気や障害で、学校に通えない子どもが、テレプレゼンスロボットを使って通学したりするといったことも、実際にアメリカで行われています。

いろいろなテレプレゼンスロボットがあるよ！

モニタにいろいろな画像をうつせるタイプもある。
©smilerobotics.com

テレプレゼンスロボットがあれば、たとえば病気やけがで入院していても、結婚式などに参加することができます。

遠くはなれてくらす、家族や親せき、友だちなどとも、気軽に顔を見て話すことができます。テレプレゼンスロボットは向きを変えて移動することができるので、話す相手が動いても、そのすがたを追いながら話すことができます。

©株式会社ヨコブン

テレプレゼンスロボットが、洋服店で店員と話しているところ。

「お気に入りの店の商品をじっくり見て買いたいけれど行く時間がない」「あの美術館に行ってみたいけれど遠くて行くことができない」といったとき、店や施設にテレプレゼンスロボットが置いてあれば、アクセスして店の人と話したり、見てまわったりすることができます。

へん!? なロボット

「こんなロボット、役に立つの?」と首をかしげてしまうようなものもあります。しかし、そんなロボットにもつくられた理由があるのです。ここでは、そんな一見「へん!?」なロボットたちを紹介します。

機械がむきだし

複雑な動き

機械人間オルタ

オルタの顔や手は人間にそっくりですが、頭や体は機械がむきだしになっています。何のためにつくられたのかというと、機械の見かけのまま、動きだけでどこまで人間らしさを表現できるのか、といったことを調べるためだそうです。オルタには、自然な動きをするための、各関節を動かす装置や、人の脳の構造をまねた学習システムなどが組みこまれています。そしてまわりの反応を見ながら、常に生きものらしい動きの学習を続けています。

©Justine Emard／提供：大阪大学

はく手するだけ

音手・ビッグクラッピー

やわらかい質感の手に、アルミニウムの骨格というシンプルなデザイン。両手をすばやくたたくことで、はく手するロボットが音手です。これは人を楽しませるためにつくられたエンターテインメントロボット。はく手だけでなくおしゃべりもできるロボットのビッグクラッピーという仲間もいます。

パチパチ / おはようございます / ビッグクラッピー / 音手

©バイバイワールド

人にごみをひろってもらう

\ペコリ/

©豊橋技術科学大学

ごみばこロボット

これはごみひろいロボットではなく、ごみばこロボットです。ごみをひろう手も、吸いこむそうじ機もついていないため、ごみを見つけてもごみばこに入れることはできません。しかし、そばにいる人のところでおじぎをして、ごみをひろってくれるようにお願いすることができます。このように、ついつい人が手助けしたくなるようなロボットは「弱いロボット」（→32ページ）とよばれます。弱さが人の気持ちを動かし、ごみを集めるという目的を達成するのです。

目だけのロボット!?

\あのねぇ、それでねぇ/

む～

ぷよぷよした体に大きな目をひとつだけもつロボット、む～。よたよたと動き、話しかけると「む～」と返事をします。「それで？」「それから？」とうながすように話しかけると、インターネットから取りいれた情報を教えてくれます。その話し方は、まるで人間の子どものようです。む～も人の手助けを必要とする「弱いロボット」の仲間で、自分からは何もしません。しかし、思わずかかわりたくなってしまうようなかわいらしさがあり、自閉症や知的障害といったハンデのある子どもたちの、コミュニケーション能力を引きだすのに役立っています。

©豊橋技術科学大学

ロボットがファッションに!?

ファッションとして着るロボットも登場しています。ロボティクスファッション（※）クリエイターの「きゅんくん」は、ロボットとファッションを結びつけ、服とコーディネイトできるロボットをつくっています。

きゅんくん

ロボティクスファッションクリエイター、メカエンジニアのきゅんくん。子どものころは、手塚治虫のまんが・アニメ作品『鉄腕アトム』が好きだったそうです。高校生のころから「メカを着ること」を目標にロボットの製作をはじめました。大学では機械工学を学び、ファッションとして楽しむことができるロボットの製作を続けています。

写真/稲垣鎌一

代表作の「メカフ」は、背中に取りつけると、まるで羽が生えたように見えるロボットアーム。さまざまなバージョンがあり、最新のものはスマホ（スマートフォン）で操作して動かすことができる。

写真/荻原楽太郎　モデル/近衛りこ

※ロボティクスファッション：着ることのできるロボットのこと。ロボットとファッションを合わせてつくられた言葉。

2 ロボットのおもしろい研究分野いろいろ

ロボットの研究分野はこんなに広い

基本的な技術開発に加えて、新たなロボット技術を生みだそうと、いろいろな研究が行われています。この章では、ロボットにまつわるおもしろい研究をいくつか取りあげていきます。

お手本は生きもの！バイオロボティクス

　自然界には、人間もおどろくような能力をもった生きものがたくさんいます。生きものの機能をまねて、工業製品などをつくることを「バイオミメティクス」といいます。そして、バイオミメティクスを活用してロボットをつくる方法を「バイオロボティクス」といいます。

生きものの動きをロボットにいかす

ロボットは機械を組みあわせてつくるものなので、生きものとは正反対のもののような感じもします。でも、生きものからヒントをもらってつくられたロボットもたくさんあるのです。たとえば、移動方法ひとつとっても、バッタのように飛びはねたり、ヘビのようにくねくね移動したりと、生きものの動きをいかした機能をもつロボットがあります。

ヘビの進み方

ヘビは足がないのに前へ進むことができます。体の中で肋骨を動かすことによって、腹の皮が動き、前に進むようになっているのです。このような骨格や筋肉の動き、進むときの力の出し方などを計測して、ロボットに応用しています。

応用

人をまねた二足歩行ロボットもバイオロボティクス

二足歩行ロボットや人型ロボットは、人間の歩き方などをまねてつくられています。人間も生きものの仲間なので、これも立派な、バイオロボティクスです。

応用

生きものをお手本にしたものは昔からあった

バイオミメティクスの製品は、実は昔からつくられています。そのひとつが、服やくつなどに使われている面ファスナーです。面ファスナーが考えられたのは今から60年以上前のことです。植物のオナモミの実が、動物の毛や人の服についてしまうと、なかなか取れないことをヒントに、そのトゲの構造をまねて、つくられました。

面ファスナーの仕組みのもとになったオナモミの実。

面ファスナー。

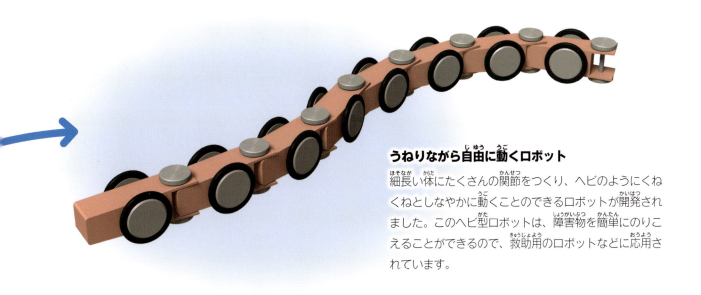

うねりながら自由に動くロボット

細長い体にたくさんの関節をつくり、ヘビのようにくねくねとしなやかに動くことのできるロボットが開発されました。このヘビ型ロボットは、障害物を簡単にのりこえることができるので、救助用のロボットなどに応用されています。

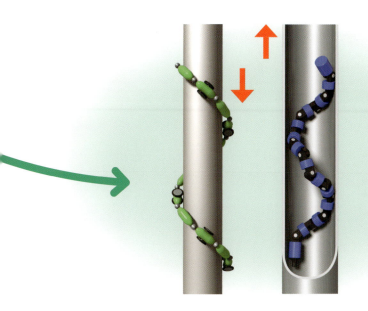

人の入れないところにも入れるロボット

ヘビは細長い体で木などにまきつくことができます。この特ちょうをまねて、パイプなどにまきつくロボットも開発されています。このロボットは、パイプに向かって投げると、まきつきます。そして、パイプの外部、内部を伝って、人が行けないパイプの高いところやおくの部分にも行けるようになっています。そのため、せまくて危険な場所の探さくなどに活やくするロボットになるのではと期待されています。

とても小さなマイクロロボット

ロボットは大きなものばかりではありません。人間の目に見えないほど小さなものもあります。そのようなロボットはマイクロロボットとよばれていて、今後さまざまな役割で活やくできると期待されています。

1ミリメートル以下のロボットがある！

マイクロロボットは、一般的に、1ミリメートルよりも小さな超小型のものから、数センチメートルくらいまでのロボットを指します。マイクロというのは、「100万分の1」を指す言葉で、1メートルは100万マイクロメートル、1ミリメートルは1000マイクロメートルとなります。技術の発展により、とても小さな部品の加工・組み立てが可能になり、小さなセンサやコンピュータなどをつめこんだマイクロロボットがつくられるようになってきました。

スイスの研究所で開発されたマイクロロボット。アリの行動を調べるための実験で使用されている。

1ミリメートルは1000マイクロメートル

期待されているさまざまな役割

とても小さなマイクロロボットは、どのようなところで役に立つのでしょうか。期待されている役割を紹介します。

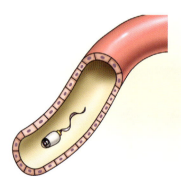

●医療ロボットとして
血管の中を自由に移動できるロボットが開発されれば、薬を必要な場所にとどけたり、血管のつまりを取りのぞいたりすることができます。

●どこにでも行けるロボットとして
人間では入れないせまい場所にも、飛行して高い場所にも行くことができ、そのような場所の点検やメンテナンスも手軽にできるようになります。

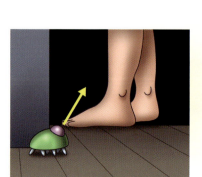

●監視ロボットとして
ふつうの監視カメラは、その大きさから、どこにあるのかがすぐにわかってしまいますが、マイクロロボットであれば、不審者に気づかれることなく、見張ることができます。

●細かな作業の担い手として
体が小さなマイクロロボットは細かい作業も得意です。その特ちょうをいかして、精密機械などの製造にも役立つのではないかと期待されています。

分子からつくる分子ロボティクス

　分子ロボティクスは、私たちの体や身のまわりのものすべての「もと」になっている、「分子」というものを組みあわせてロボットをつくろう、という試みです。いったい、どんなロボットができるのでしょうか。

分子を材料にロボットをつくる!?

ふつう、ロボットをつくるときは、金属などを加工し、機械部品をつくり、組みあわせていきます。これは人間が設計図どおりに部品を配置することで、ロボットをつくっていくものです。それに対して、分子ロボティクスは、分子自身が勝手に集まってロボットになっていく「自己組織化」という仕組みによって、ロボットをつくろうとするものです。人間の細胞も、たくさんの分子が自己組織化しているといえます。分子をうまくコントロールして組みあわせることができれば、分子によるロボットも実現するはずです。

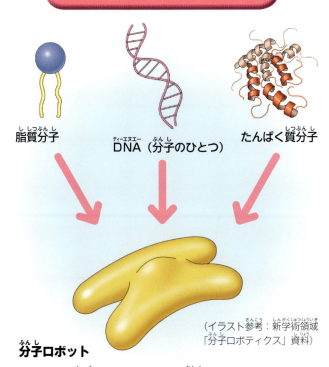

分子ロボットのイメージ

脂質分子／DNA（分子のひとつ）／たんぱく質分子

（イラスト参考：新学術領域「分子ロボティクス」資料）

分子ロボット
ロボットの仕組みを、いろいろな分子がつくってくれる。

分子って何？

　分子は、ものをつくっている基本の粒子（小さなつぶ）です。私たちの体をはじめ、空気や水、コップや服など身のまわりのものを、どんどん細かくしていくと、ほとんどのものは分子に行きつきます。分子は、物質の性質を決める重要な単位なのです。また分子は、さらに小さな原子という粒子が組みあわさってできています。原子の英語名アトムは、「これ以上分割できない」という意味の言葉が由来です。

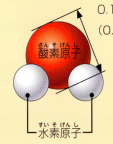

0.1ナノメートル
（0.0001マイクロメートル）
酸素原子
水分子
水素原子2個と酸素原子1個がくっついてできている。
水素原子

※原子や分子の世界の大きさをはかる単位をナノメートルという。

何の役に立つの？

分子ロボットは、マイクロロボットよりも小さなものなので、体内の病気のもとになっている場所に、より正確に薬をとどけたり、血管や骨の治療などに利用したりできると考えられています。また、空気中に放出された有害物質を分解するなど、これまで人間がつくることのできなかった新しい物質をつくりだすことができるかもしれません。

人に近づくヒューマノイド

人をモデルにしてつくられてきた人型ロボットのヒューマノイド。ロボットという言葉をつくった作家カレル・チャペック（→1巻）の小説に登場するロボットは、人間そっくりでした。人は、昔から自分たちにそっくりのロボットを追い求めてきました。そして今では多くのヒューマノイドが研究開発されています。

日本はヒューマノイドづくりが得意

『鉄腕アトム』『鉄人28号』など、日本にはヒューマノイドが登場するまんがやアニメがたくさんあります。このようなまんがやアニメを通して、ヒューマノイドが身近な存在であったからか、日本ではほかの国と比べて、ヒューマノイドの研究が盛んに行われています。1970年代、世界で初めて人間と同じ大きさのヒューマノイドをつくったのは早稲田大学です。現在では、高い身体能力を実現した、自動車メーカー・ホンダのASIMO、体の動きと会話でコミュニケーションをとる、ソフトウェアメーカー・富士ソフトのパルロ（→2巻）、外見もしぐさも人の女性そっくりな、電気メーカー・東芝の地平アイこなど、さまざまなヒューマノイドが研究開発されています。

地平アイこ
©共同通信社／アマナイメージズ

表情豊かなヒューマノイド

ヒューマノイドには、表情やしぐさまで人間そっくりで、うれしさ、悲しさ、いらだちなど、さまざまな表情を表現できるものもあります。また、手話を使えるロボットも登場し、コミュニケーションのはばが広がっています。さらに最近は、人と同じような名前がついたものもあり、より「個性」が出ています。

伝わりやすいコミュニケーションで人とともに歩む

決まった作業をするだけなら、その作業に合った形をした産業用ロボットのほうが、性能がよくて便利です。しかし、今やロボットの役割は広がり、コミュニケーションロボット、人をサポートするパートナーロボットなど、ロボットが人の生活空間にも進出しています。人と同じ行動ができ、すがた形がよく似ていると、より親しみを感じて、仲間意識もめばえやすくなります。そしてすがた形が似ていれば、言葉だけでなく、身ぶり、手ぶりなどでコミュニケーションをとることもできます。

次世代産業用ロボットNEXTAGE
©カワダロボティクス

産業用ロボットも人型に

工場の中で働く産業用ロボットにも人型が登場しました。作業のスピードやパワーなどを重視するこれまでの産業用ロボットは、危険をともなうこともあるので、人とはいっしょに作業できません。しかし、人型の産業用ロボットは、安全性や大きさ、親しみやすさなどが工夫されているので、人とロボットが工場でいっしょに働くことができます。

ロボットにとって、いちばんよいすがた

ロボットは機能だけでなく、外見もとても大切です。ロボットのすがたは、ロボットの機能や、接する人間にあたえる印象にも影響するからです。ロボットは、どのようなすがたにするのがよいのでしょうか。

だれのため、何のためのロボットか考える

ロボットのすがたや形が変化することによって、そのロボットに何ができるのかも変わってきます。人がまったくいない場所で働く産業用ロボットは、人型をしている必要はありません。むしろ、人の形をしていないほうが、効率よく動くことができます。でも、人といっしょに働くことが前提であれば、人型をしているほうが、まわりの人にあたえる威圧感やストレスが少なくなります。

ロボットにとっていちばんよいすがたは、そのロボットが何のために使われるのかによって変わってきます。

少しのかげんで不気味に見える？

ロボットのすがたやしぐさが人間に近づいていくと、人はそのロボットを好意的に受けとめます。しかし、どんどん人間に似てくると、ある時点を境にして、不気味に感じたり、気持ち悪く見えたりするようになります。これを「不気味の谷現象」といいます。そして、人と見わけがつかないほどそっくりになると、また親しみがわいて好意的な気持ちになります。人間そっくりのロボットを研究している人たちは、この不気味の谷をこえて、より人間に近づける努力をしています。

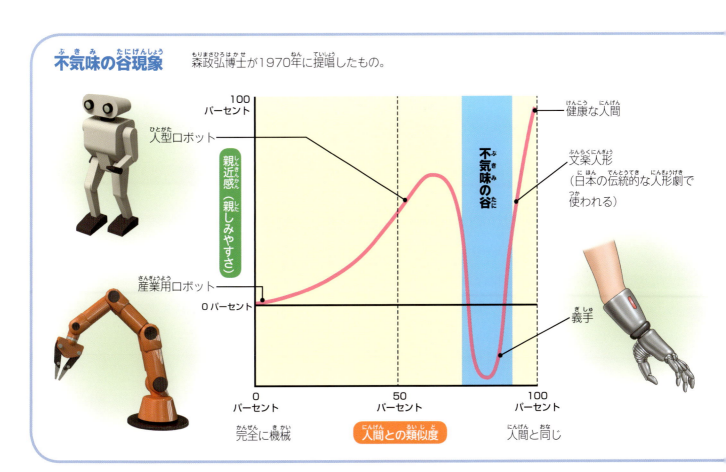

不気味の谷現象　森政弘博士が1970年に提唱したもの。

こんなものにも人工知能

昔に比べて、私たちの生活はとても便利になりました。便利な生活をささえているもののひとつが人工知能（AI）です。人工知能はいろいろなものに使われていて、ロボットのようにかしこい製品にいかされています。

会議室や机が人工知能（AI）に

会議をしていると、なかなかアイデアが出てこなくて、話が続かないときがあります。

そんなとき、だれかがヒントをくれると、会議がスムーズに進みます。現在、人工知能（AI）が参加者の発した言葉に関連することを、机やかべに自動的に表示してくれる会議室が開発されています。

©株式会社イトーキ

オフィス事務用品メーカー・イトーキが開発中のAI会議室。

考えるマッサージチェア

マッサージ師は、お客さんの体型や、つかれの程度、体の「こり」の状態も見わけて、その人に合うようにマッサージしています。家電のマッサージチェアでも、人工知能（AI）によって、それらを見きわめ、ほぐし方を調整するものが登場しています。

©ファミリーイナダ

人工知能（AI）が電話に対応

お客さんからの問いあわせ電話に対して、人工知能（AI）を導入する会社もふえてきました。たとえばある会社では、オペレータ（電話の対応をする係）とお客さんとの会話内容が人工知能に送信されると、人工知能がすぐに内容を分せき、判断して、最適な答えをオペレータのパソコンにうつしだします。オペレータはそれを見て、お客さんに対応します。このように、人工知能を取りいれたことで、より短い時間で対応できるようになりました。さらに、人工知能が直接お客さんとやりとりするシステムの開発も進んでいます。

フムフム

コレニモ!?

©JAXA

人工知能（AI）がロケット打ちあげを準備

人工知能（AI）は宇宙開発にも役立っています。ロケットの打ちあげの準備には、たくさんの人と時間が必要でした。しかし、JAXAの新型ロケット「イプシロン」は、ロケットに人工知能を組みこみ、ロケット自身が安全点検の作業を行います。これによって、作業に必要な人数が大はばにへりました。また、それまでは打ちあげに40日間ほどかかっていましたが、1週間ですむようになりました。

ロボット競技大会にチャレンジ！

日本各地で、一般の人も参加できるロボット競技大会が多く行われています。小学生でも参加できる大会をいくつか紹介します。

全日本ロボットすもう大会

ソフトウェアメーカー・富士ソフトが主催。

参加者がつくったロボット力士をたたかわせる競技です。土俵の上に2台のロボットを置いてたたかわせ、土俵の外に押しだしたほうが勝ちになります。「高校生の部」と「全日本の部」があり、全日本の部は小学生からおとなまで、だれでも参加できます。

ロボカップジュニア

一般社団法人ロボカップジュニア・ジャパンが運営。

小学生でも参加できる国際的ロボット大会で、国内で勝ち進むと国際大会に出場できます。ロボットが2対2でゴールを競う「サッカーチャレンジ」、災害現場に見立てた場所から被災者を救出する「レスキューチャレンジ」、自律型ロボットがダンスやパフォーマンスをひろうする「オンステージ」の競技があります。

WRO

NPO法人WRO Japanが開催。

WRO（ワールド・ロボット・オリンピアード）は、小学生〜高校生を対象にした国際的なロボット大会です。市販のロボットキットを利用して、自律型ロボットをつくります。競技の内容にそってプログラムし、プログラミングや自動制御する技術を競います。

マイクロマウス

公益財団法人ニューテクノロジー振興財団が主催。

参加者がつくった自律型ロボットが、自動で判断して迷路を走り、ゴールするまでの時間を競います。迷路のほかに、ラインで表示されたコースを、ラインどおりにできるだけ速くまわる競技などもあります。大学生やおとなが中心ですが、小学生でも参加できます。

3 ロボットを研究開発している人たち

> ロボットが好きな
> みんなへのメッセージ

さまざまな場所で活やくする、個性的なロボットたちには、それぞれ「生みの親」がいます。この章では、ロボットを研究している人、開発している人の話を、くわしく聞いてみましょう。

「弱さ」を力にするロボットたち

岡田美智男先生（豊橋技術科学大学）

ロボットは強い、人間よりも強くて役に立つからロボットだ……そう思いこんでいませんか？　でも、岡田先生が取り組んでいるのは「弱いロボット」（→19ページ）の研究と開発。なぜ、そんなロボットをつくっているのでしょう？　そこには深い理由があります。

「弱いロボット」のヒントは赤ちゃん！

岡田先生の研究室から生まれたロボットたちは、すがた形はいろいろですが、ある共通した特ちょうがあります。
- ロボットなのに、ひとりでは何もできない。
- 役には立たないけれど、いなくなると何だかさびしい。
- どこかたよりなさそうで、思わず手をさしのべたくなる。

岡田先生がそんな「弱いロボット」をつくろうと思ったのは、ある日、お母さんの胸に抱かれた赤ちゃんを見たことがきっかけでした。赤ちゃんはひとりでは何もできず、か弱い存在ですが、まわりの人を味方につけながら、ミルクも飲めるし、自分では手のとどかない場所にあるおもちゃを取ってもらうことができます。

「赤ちゃんのように人の手をじょうずに借りながら行動し、"弱さ"がぎゃくに人を動かす力となって、目的を達成してしまう。そんなロボットのアイデアがひらめいたのです」と岡田先生。こうして、世界でだれもつくったことがなかった「弱いロボット」の研究がスタートしました。

岡田美智男（おかだ みちお）
豊橋技術科学大学情報・知能工学系教授。「弱いロボット」という、それまでにないタイプのロボットを提唱し、人間とロボットのコミュニケーションをテーマに、人とよりそうロボットの研究開発に取り組んでいる。おもな著書に、『弱いロボット』（医学書院）、『ロボットの悲しみ コミュニケーションをめぐる人とロボットの生態学』（新曜社）などがある。

個性的でかわいらしい「弱いロボット」たち

マコのて
ただ手をつなぎ、いっしょに歩くだけのロボット。人をどこかへ案内することもなく、人がロボットの世話をするわけでもない。最初はぎこちないが、やがてロボットを気づかいながら歩くようになってしまう。

Talking-Ally
幼児のように「あのね…」「えーとね」などと、たどたどしいしゃべり方でニュースを伝えるロボット。聞く人の姿勢や目の動き、あいづちなどに応じて、話す内容やタイミングを調整する仕組みになっている。

人とロボットがやさしくささえあう関係

たとえば、よろよろと動くだけで、ごみをひろい集めることができない「ごみばこロボット」と接した人は、自分がまるでロボットにたよられているように感じて、思わずごみをひろい、すててあげたくなります。また、たおれそうでたおれず、フラフラしながら、人に近づいたりはなれたりするロボット「Pelat」は、よちよち歩きの赤ちゃんのようで目がはなせず、ほうっておけなくなります。

このように不完全でたよりないロボットは、人の心にささえてあげたくなる感情をめばえさせ、アシスト（助け）を引きだします。「弱いロボット」は、役に立たないように見えて、実は人間社会にとって、人とロボットがやさしくささえあう関係をもたらしてくれる「ソーシャル（社会的な）ロボット」なのです。

苦手をおぎないあい、得意をいかすロボットづくり

たんにロボットをつくるのではなく、ロボットを使ったコミュニケーションをテーマに研究を続けている岡田先生。

「ぼくたちがつくっているロボットは、ローテク（低い性能）でチープな（安っぽい）存在です。けれど人間とコミュニケーションをとりながら、おたがいの"弱さ"をわかりあい、足りないところをおぎないあうことによって、ロボットのまわりに豊かな関係が生まれます。ロボットづくりも同じで、ぼくの研究室の学生には、ひとりで何でもできるスーパーマンはいません。みんながひとりひとつずつ、好きなことや得意なことをもちよって、苦手な部分をみんなでおぎないあって研究すれば、おもしろいロボットはつくれるんです」。

その言葉どおり、岡田先生の研究室からは、魅力的なロボットがぞくぞくと誕生しています。

岡田先生と研究室の学生たち。

> 「未来を予測する最善の方法は、その未来をつくってしまうことだ」という言葉があります。頭の中で未来を思いえがくだけでなく、それを自らの手の中でつくりながら考えてみるというのはどうでしょう。「どんなロボットといっしょにくらしてみたいのか」を考えることは、10〜20年後の私たちの生活をデザインすることでもあるのです。

iBones
おどおどしながらティッシュを配ろうとするロボット。体にバネのような部品が組みこまれているため、動くたびに体が不安定にゆれる。つい手をさしのべてティッシュを受けとりたくなるような"弱さ"の演出。

ごみばこロボット（→19ページ）

Pelat
「弱いロボット」を代表するごみばこロボット（左）と、不安定で予測のできない動きをして、目がはなせなくなるPelat（右）。

めざすは、みずから「生きよう」とするロボット

菅野重樹先生（早稲田大学）

早稲田大学理工学部は、1973年、世界初の本格的なヒューマノイド（人型ロボット）「WABOT-1」（→1巻）を開発したことで有名です。その流れを受けつぎ、菅野先生は、ロボットを人間にかぎりなく近づける研究に取り組んでいます。

ロボット研究は子どものころからの夢だった

小学生のころから機械に興味をもち、ロボットが登場するアニメやSF小説に夢中だったという菅野先生。中学生のとき、早稲田大学の加藤一郎先生が、世界で初めて本格的なヒューマノイドをつくったというニュースを知り、「将来は自分も研究者になって、人間みたいなロボットをつくりたい」と思ったそうです。

やがて早稲田大学に入り、尊敬する加藤先生のもとで、子どものころからの夢だったロボット研究をはじめます。当時は、工場などで作業する「産業用ロボット」の研究が主流。そんな中、菅野先生たちが取り組んだのは、楽器を使って曲を演奏し、会話もできるロボット「WABOT-2」の開発。このロボットは1985年の「つくば科学万博」でデビューし、世界の注目を集めました。その後、早稲田大学の先生となってからも、家事、介護、エンターテインメントなど、さまざまな分野で活やくできる、人間に近いヒューマノイドの研究開発に取り組みつづけています。

菅野重樹（すがの しげき）

早稲田大学創造理工学部教授。1998年に早稲田大学ヒューマノイド研究所を設立した中心人物のひとり。電子オルガンを演奏するロボットや、卵を手で割るロボット、感情を表現するロボットなど、ロボットをより人間に近づけた、さまざまなヒューマノイドを発表し、世界から注目されている。2012年日本ロボット学会功労賞をはじめ、数々の受賞歴をもつ。

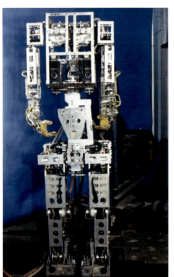

早稲田大学が開発した世界初のヒューマノイド WABOT-1。人の言葉を正しく判断する装置を組みこむことで、人間の声による命令で動くことができるようになった。
©早稲田大学次世代ロボット研究機構

「つくば科学万博'85」に出展された、電子オルガンを演奏するロボット、WABOT-2。人間に近い細やかな指の動きが生みだす、みごとな演奏ぶりで世界をおどろかせた。
©早稲田大学次世代ロボット研究機構

人間と共存して役に立つロボット

「TWENDY-ONE」は、人間と共存してこれからの社会に役立たせること、体の不自由な人やお年よりなどの生活を助けることを目標に、7年かけて開発されました。人間の動きに近い、細やかな作業が得意で、卵を割ったり、トングでものをつかんだりできます。将来、料理をつくったり、お年よりの介護をしたりできるようにと、今も進歩を続けています。

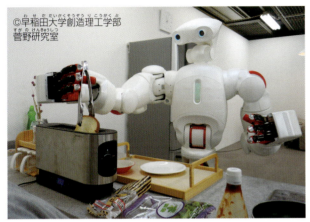

身長146.7センチメートルの人間共存ヒューマノイド、TWENDY-ONE。

ロボットが社会で活やくするために必要なこと

人間の役に立つヒューマノイドが、実際に私たちの社会で活やくするようになるには、たくさんの問題を解決しなくてはならないと、菅野先生はいいます。

「ロボットを車に置きかえて考えるとわかりやすい。車の運転をするには、まず日本の法律で定められた交通ルールがあり、自動車学校、運転免許証、自動車整備工場などが必要でしょう？ また、事故が起きてしまったときに備えて、警察や自動車保険も必要ですね。人にぶつかっただけで、けがを負わせてしまうかもしれないロボットにも、まったく同じことが求められます」。

ヒューマノイドが社会に出たときに起こる可能性がある、あらゆる危険について話しあい、法律を定め、問題解決の方法をすべて取りきめることができたとき、初めてロボットは実験室から出て、社会で活やくできるようになるのです。

ロボットはどこまで人間に近づける？

「ロボットに心をもたせたい」という大きなテーマのもとに「WAMOEBA」というロボットも開発されています。これは、人間や動物が生まれながらにもつ「自己保存（生きたいと思うこと）」の本能を組みこんだロボットです。

「私たちの研究のずっと先の目標は、自分から『生きたい』と思い、命の大切さを考えるロボット、『自分たちが存在しているのは人間の社会があるからだ』と気づき、学習していくロボットをつくることです。現在、ロボットがどれくらい人間に近づいたかといえば、まだやっと人間の『赤ちゃん』くらいのレベルかな」と菅野先生。ロボットがもっと人間に近づくには、まだ多くの時間がかかりそうです。

WAMOEBA-2。「ロボットに心をもたせること」をめざして開発されたヒューマノイド。自己保存本能をロボットに植えつけるという、高度なロボット開発の第一歩となった。

もし今、興味をもっていることがあったら、好きなだけ熱中してください。算数や理科が苦手でも、絵が得意なら、いつかロボットのデザインに能力をいかせるかもしれないし、社会の仕組みに興味をもって勉強すれば、将来はロボットの法律家になれるかもしれない。ロボットは、社会のあらゆること、人間のくらしのすべてと深いかかわりをもっているのです。

ミミズロボットで世界を変える

中村太郎先生（中央大学）

中村先生は、ミミズやアメンボ、カタツムリなど、身近な生きものの動きやはたらきを取りいれたロボット（バイオロボティクス→22ページ）の研究をしています。宇宙や深海、体の中など、人の行けない場所で活やくしてくれるたのもしいロボットをめざしています。

人の役に立つものをつくりたい

中村先生はロボットの頭脳の研究をしていましたが、「どんなに頭のいいロボットをつくっても、ちょっとぶつかっただけで止まってしまうような体では役に立たない。きびしい環境でもしっかり働くロボットはつくれないだろうか」と考えるようになりました。田畑に囲まれた秋田の大学で働いていたころのことです。通勤途中のあぜ道で目にするミミズやアメンボ、カタツムリなど、身近な生きものの動きに興味がわき、まずはミミズの動きをロボットでつくるところから研究をはじめました。ミミズはとても原始的な生きものに見えますが、実は土の中に適した体に進化した生きものです。

のびちぢみしながら進むミミズの「ぜん動運動」を利用したロボットを研究していくうちに、宇宙や深海の探査、工業用の管の点検、腸の検査など、さまざまに利用できることがわかり、どんどん研究がおもしろくなっていきました。

中村太郎（なかむら たろう）

中央大学理工学部教授。信州大学大学院工学系研究科修了後、秋田県立大学で助手として働いているときに、ミミズロボットを思いつく。中央大学理工学部専任講師、同大学准教授を経て、2013年より同大学教授。現在は、バイオロボティクスのほか、人工筋肉などを使った「やわらかいロボット（ソフトロボティクス）」の研究も進めている。

先生の研究室にはおもしろい形をしたロボットがずらり。実験段階のミミズロボット（左上）、アメンボロボット（右上）、全方向自由に動けるカタツムリロボット（左下）、細かい動きができるゾウの鼻ロボット（右下）。

©中央大学 中村研究室

アメンボ、カタツムリ、ゾウの鼻もロボットに

現在、中央大学にある中村先生の研究室では、30人近くの研究員や学生たちがロボットの研究をしています。ミミズロボットのほかにも、水陸両用のアメンボロボット、でこぼこの地面もかべも登っていけるカタツムリロボット、複雑に動けるゾウの鼻ロボットなど、ユニークなロボットがつくられています。

中村先生が学生たちを指導するときに特に力を入れているのが、ロボットの「ソフト」も「ハード」も自分でつくらせることです。ロボットの頭脳をつくる「ソフト」の研究と、体をつくる「ハード」の研究は、区別することが多いのですが、中村先生は自分の体験から、ソフトもハードもどちらも同じくらい大事だと考えるようになったからです。自分でつくった、世界にひとつしかないロボットが、自分の思いどおりに動きだしたときの感動は、「その人にしか味わえない、とてつもない宝物」だと中村先生はいいます。

ミミズ型下水管検査ロボット「ピューロ」。自分の体のはばのすき間さえあれば進んでいける。せまいところにも入りこみ、そのまま後ろへもどることもできる。

やわらかいロボットの研究から生まれた人工筋肉で、パワーアシスト装置を開発。病気の人やお年よりのリハビリや介護など、さまざまな場面での活やくが期待されている。

やわらかいロボットをつくろう

中村先生のロボット研究のもうひとつの柱に「ソフトロボティクス」があります。これは、磁気や電気を通すとかたくなる液体(機能性流体)や人工筋肉などを使った「やわらかいロボット」の研究のことです。工場などで働く産業用ロボットは、かたいロボットでもいいのですが、家で人とくらすロボットは、動きも体もやわらかいほうがいいと考えたからです。

ふだんはやわらかいのに、力を入れるとかたくなる人間の筋肉の動きなどをお手本に研究を進め、歩く動作を助ける歩行アシストや、重いものをもつときに役立つパワーアシストの装置などを開発しました。この研究はミミズロボットにもいかされて、人工筋肉をつかったミミズロボットも生まれています。「自分の技術が世界を変えるかもしれないと思うとワクワクします」と中村先生。今もロボットに夢中です。

僕が工学の世界に入ったきっかけは、小学校高学年のときの理科の先生が、僕のつくった「へんなもの」を気に入ってくれたこと。「モールス信号の装置」や「動く工作」など、ガラクタを集めてつくったものでしたが、楽しかった。何かをつくったり、工夫したりするのが好きな人は、ものづくりに向いていると思います。

未来へはばたく、昆虫型ロボット

菊池耕生先生（千葉工業大学）

チョウはどうやって飛んでいるの？ カブトムシはなぜ、かべを登れるの？ 菊池先生が取り組んでいるのは、小さな昆虫たちに備わった、すぐれた能力と動きをロボットにもたせる昆虫型ロボットの研究です。

昆虫の能力をもったロボットをつくりたい

ロボットをつくるのに、菊池先生はなぜ昆虫に注目したのでしょうか。

「チョウは、人間が開発した飛行機などとちがい、パタパタと羽を動かすと自然に体がうきあがってしまう仕組みをもっています。中には1000キロメートルものきょりを飛行できるチョウもいます。なぜ虫たちはそんなことができるのか？ そのひみつを工学的に解きあかして、昆虫の能力をもったロボットをつくりたいと考えました」。

人間から見るとちっぽけな存在に思える虫たち。でも、その小さな体のサイズにこそ、昆虫の能力のひみつがあるようです。人間はせいぜい、自分の体重くらいの重さのものしかもちあげることができませんが、アリは自分の10倍も大きなものを運びます。実は身長が10分の1になると、大きいときより10倍、体をささえる力が強くなるのです。

「想像してみてください。ぼくたちが100分の1サイズの昆虫になったら、自分の体をささえる力は今の100倍になります。てのひらをパタパタさせたら、体がふわりとうきあがりそうな気がしてきませんか？ それでぼくは、チョウ型ロボットの研究をはじめたのです」。

菊池耕生（きくち こうき）

千葉工業大学工学部未来ロボティクス学科教授。子どものころはトンボやカマキリが好きで、『マジンガーZ』や『ゲッターロボ』などのロボットアニメに夢中な小学生だった。東京理科大学工学部を卒業後、同大学大学院工学研究科に進学。その後は千葉工業大学工学部に研究の場をうつし、昆虫型ロボットの研究開発に取り組み続けている。

©千葉工業大学工学部
未来ロボティクス学科

カブトムシなどの甲虫類は、あしの先についた「かぎづめ」を引っかけて木やかべをよじ登る。その仕組みを応用したのが「かべ登りロボット」。

チョウのはばたきをロボットで実現！

　チョウ型ロボットを研究開発する際に、菊池先生がモデルにしたのは、ナミアゲハ。実物と同じくらいの大きさと軽さをもつロボットをつくるために、素材に工夫をこらしました。また、コンピュータグラフィックスを使い、チョウのはばたきの仕組みを、何年もかけて解きあかしました。
「アゲハチョウが羽をパタパタさせると、羽のまわりに空気の『うず』が発生します。アゲハチョウは、そのうずを羽でつかんだり、はなしたりしながら飛んでいることがわかりました。チョウに代表される飛ぶ昆虫は、『うず使い』といわれていて、羽のまわりで空気のうずをうまくやりとりすることで、飛びまわることができるのです」。
　そうしたメカニズムを取りいれることで、本物のチョウのように飛びたつ「はばたきロボット」が完成。今後は、はばたきで発生するうずを、たくみにコントロールできるようなロボットづくりをめざし、研究を続けていくそうです。

カーボン製（※）の骨格とフィルム製の羽でつくられた、体長約6センチメートル、重さ500ミリグラムのチョウ型ロボット。実物のアゲハチョウのように飛びたつ。
（東京電機大学藤川太郎先生と共同で研究）

小型ロボットがもつ大きな可能性

　菊池先生の研究室では、チョウ型ロボットのほかにも、生きものの体の構造や動きの仕組みをヒントにして、さまざまな小型ロボットの研究に取り組んでいます。たとえば、水の上を走るバシリスク（海外にすむトカゲの仲間）型ロボットや、とびはねるバッタ型ロボット。そして、ヤモリやカブトムシをモデルにした、かべ登りロボットについても、研究と製作が進められています。
「かべ登りロボットは将来、実用性がおおいにあると思います。たとえば、橋のコンクリート部分のひび割れを見つけたり、地震でこわれた建物のようすを探ったりすることもできるでしょう。小さく、安くつくることができれば、一度にたくさん動かせますし、何体か落ちたぐらいでは全体の調査に影響を与えません。それに、人に当たってもけがをしませんね」。

©千葉工業大学工学部未来ロボティクス学科

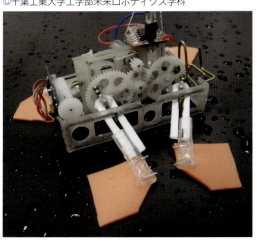

足を高速回転させて、水面をたたきつけながら水上走行するロボット。水の上を走ることができるトカゲの仲間の、足の動きを参考にして開発された。

> ロボットの研究をする中で、失敗もたくさんあります。だから研究室の学生には「折れない心でがんばってくれ」といつもいっています。同じ言葉をロボットが好きな子どもたちにもいいたいですね。今、おもしろいと思って夢中になっていることは、とちゅうでハードルがいっぱいあっても、ぜひ最後までやりきってください。それが将来の目標につながるかもしれませんよ。

※カーボン製：カーボンとは炭素のこと。炭素繊維を使用した炭素繊維強化プラスチックを「カーボン」とよぶことが多い。軽くて弾力があり、強度も高いので、幅広い製品に使われている。

ロボットの目を研究し、自動運転技術などを実現

金出武雄先生（カーネギーメロン大学）

40年以上もの長い間、ロボットの研究をしてきた金出先生。今、いろいろなカメラに使われている顔認識技術や、世界中の注目を集めている自動車の自動運転技術（→8〜9ページ）も、もとをたどれば金出先生の研究に行きつくのです。

1000枚の人の顔の画像を自動的に処理

金出先生が研究者としての一歩をふみだしたのは、今から40年以上前の1970年代です。最初に研究したのは、コンピュータによる人間の顔認識技術でした。当時は、1枚の画像を処理しただけで、立派な論文をかけるような時代だったそうです。そんな時代に、金出先生は1000枚の画像をコンピュータに取りこみ、人の顔の特ちょうを見いだして、判定するまでを自動で行う仕組みをつくりました。これほど大量の画像を自動的に処理するシステムは、世界で初めてのことだったといいます。

その後、金出先生は日本の大学からアメリカのカーネギーメロン大学に移り、コンピュータやロボットの研究を本格的にはじめました。

金出武雄（かなで たけお）
カーネギーメロン大学ワイタカー記念全学教授。ロボットの目の役目を果たすコンピュータビジョンの研究を長年続け、さまざまな技術を開発。現在は、人間の生活の質を向上させるような技術の開発を進めている。

金出先生は、顔の画像を処理するいろいろな技術を世界に先がけて開発した。スマホ（スマートフォン）などで使われている、画面中にある顔の位置を見つける技術や、ビデオから顔の動きをとらえたり、顔の三次元の形を取りだしたりする技術も開発している。

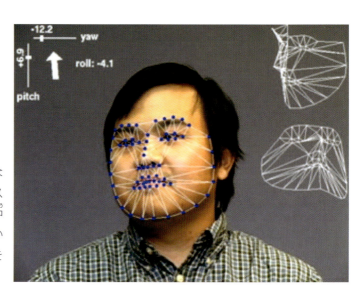

20年以上前に自動車の自動運転に成功

金出先生の研究の中心になったのは、ロボットの目にあたるコンピュータビジョンです。人工知能（AI）研究のブームが起こった1980年代に、人間のようにかしこいコンピュータやロボットを実現しようと、金出先生が注目したのが視覚でした。視覚とは、光の刺激を目で感じることです。これによって、ものの色や形を見ることができます。人間の脳は半分以上が視覚の処理に使われています。それと同じように、コンピュータが画像や映像を理解することは、まわりの世界を理解する基本であると考えたのです。

金出先生は、コンピュータビジョンを使い、アメリカ北東部のペンシルバニア州から南東部のカリフォルニア州まで（約4600キロメートル）、自動車の自動運転にいどみました。自動車にカメラとセンサをつけて、道路のようす、障害物、人などを認識し、全走行きょりのうち、98.2パーセントを自動で運転しました。

自動車の自動運転は、現在、世界中で注目されている技術（写真は自動車メーカーが現在テストしている自動運転のようす）。スマホ（スマートフォン）のアプリなどにもコンピュータビジョンが使われているものがあり、撮影した商品の情報を自動で調べたり、画像を加工したりする。

スーパーボウルの放送で使用されたアイビジョン

金出先生はまた、2001年のアメリカン・プロ・フットボール大会「スーパーボウル」に使用された、アイビジョンというシステムをつくりました。スタジアムの2階席にぐるっと配置された、33台のロボットカメラを使って、試合の決定的なしゅん間を映画『マトリックス』（※）のように、360度回転させて再生できるようにしたのです。

「人のかわりに」から「人といっしょに」へと転換するロボット研究

「これまでのロボットの研究は、人のかわりに何かをする機械をつくる、という方向性で進められてきました。しかしこれからは、『人といっしょに、人のために役立つことをするロボット』が求められていると思います」と金出先生は話します。たとえば、お年よりが自立して生活できるように、いっしょに生活をし、ちょうどよい助けを提供するシステムなどです。

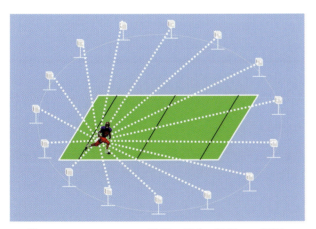

33台のカメラが、ひとりの人間の操作に連動して撮影するシステム（図はアイビジョンのイメージ）。アメリカの国民的なフットボールの大会「スーパーボウル」のテレビ中継に採用され、その後ほかのスポーツやエンターテインメント分野で、この技術が活用されるようになった。

> いろいろなものを見て「なぜ？」と思う好奇心はとても大切です。しかし、好奇心だけでは成功しません。その好奇心をもとにして、何かをやってみる行動力はもっと大切です。好奇心はほとんどの人がもっていますが、実際に何かをやる人はとても少ないものです。たくさんの学生の中でも、実力をつけるのはすぐに実行に移す人です。「なぜ？」と思って、そこから何かを思いついたら、すぐに実行してみてください。

※映画『マトリックス』：1999年公開。すばやいアクションの途中、人の動きをスローモーションで、360度あらゆる角度から見せるシーンがある。これも人のまわりにたくさんのカメラを置いて撮影された。

宇宙探査機をロボットに

久保田孝先生（宇宙航空研究開発機構 JAXA）

宇宙探査機は、地球から遠くはなれた天体がどうなっていて、何があるのかといったことを地球まで伝えてくれます。まだだれも行ったことのない場所で活動するためには、まわりのようすから自分の行動を決めて実行する「ロボット化」が重要になってきます。

人工知能（AI）やロボットの研究から
宇宙探査機の開発へ

久保田先生が大学生だった1980年代後半には人工知能のブームが起こり、たくさんの研究が行われました。久保田先生も、人工知能によって自分で判断し、行動する自律型ロボットの研究をしていました。人工知能の研究によって、人がどのように考え、行動していくのかという仕組みがわかるようになるのではと考えていたからです。

当時は、地球上では人工知能をもった、かしこいロボットが活やくする場がまだ少ない状況でした。そのため、宇宙で活やくする宇宙探査機の研究をするようになりました。

©JAXA

久保田孝（くぼた たかし）

宇宙航空研究開発機構JAXA宇宙科学研究所教授、宇宙科学プログラムディレクタ。子どものころはプラモデルづくりに熱中し、大学では人工知能やロボットの研究に取り組んだ。1993年に宇宙科学研究所に入所。以来、小惑星探査機「はやぶさ」、小惑星探査ローバ「ミネルバ」、月面探査ローバなどの研究に参加。

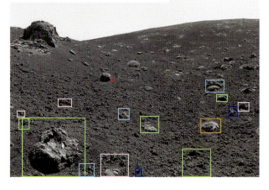

探査ロボットが、カメラで撮影した映像から、地形や障害物を認識しているところ。探査機が、初めて行く場所で探査するためには、自分がどのような環境にいるのかを知る必要がある。

人工知能（AI）によってまわりの状況にすばやく対応

久保田先生は、宇宙航空研究開発機構（JAXA）の機関のひとつである宇宙科学研究所に入り、小惑星探査機「はやぶさ」（→2巻）の開発に加わりました。

はやぶさは小惑星イトカワに着地して、イトカワのかけらを地球にもちかえるという役目をもっていました。小惑星への着地には、とても細かい操作が必要なのですが、地球からはやぶさに細かく指示を出すことはできません。イトカワ周辺と地球との間で通信をするには、長い時間が必要だからです。はやぶさからイトカワの情報を送ってもらって、地球から指示をするまでの間に、はやぶさのまわりの状況も変化します。これでは、地球からの指示とはやぶさの行動が、大きくずれてしまう可能性があります。

特に、はやぶさが着地の体勢に入って、イトカワのかけらを採取し、再び宇宙空間にもどるまでの一連の行動は、すばやく行わなければ成功しません。そこで、久保田先生は、はやぶさに人工知能を組みこみ、自分で判断して行動できるよう、ロボット化していきました。

©池下草裕

小惑星探査機はやぶさ。センサや人工知能を組みこむことで、自分で判断したり、異常を調べたりすることができるようになった。

一つひとつ問題を解決しながら
月や火星で活やくするロボットを研究中

久保田先生は、現在、月面や火星の大地を探査するロボットの開発を進めています。車輪で進む探査車はもちろん、砂漠のような場所でもしっかりと前に進めるように、車輪のかわりにスクリューをもったロボット、ミミズのように地面をほりながら進むロボット、昆虫型のロボットなど、いろいろなタイプのロボットを大学研究者といっしょに研究しています。

ロボットの研究は、「こんなロボットをつくりたい」というアイデアを出すところからはじまります。たくさんのアイデアが出ても、実際にロボットをつくり、試験をしていく中で、あきらめるものもあるそうです。久保田先生は「実際に試験をすると、考えもしなかった問題につきあたることもあります。でも、それを解決して、いいロボットをつくっていく過程がとても楽しいものなのです」と笑顔で語っていました。

月や火星の表面を移動して探査するための探査ロボット。月や火星のように、砂地や、ゴロゴロした岩のある場所などでも動くことができるように、地球上の似たような場所で試験を重ねる。

©JAXA

> 私は子どものころ、プラモデルをよくつくっていました。設計図を見ながらつくり、完成し、動くと、とてもうれしかったのを覚えています。何かに熱中して取り組むと、小さなことでも大きな喜びがわいてきます。そういう喜びをたくさん経験していくと、自分に自信がつきますし、自分が何をやりたいのかがわかってくると思います。何でもいいので、興味をもって、熱中できるものを探してください。

人のよき相棒となるコミュニケーションロボット!

高橋智隆さん（株式会社ロボ・ガレージ）

ロボットクリエイターの高橋智隆さんは、小さいながらも2本足で歩き、おどったり、人と話したりするロボットをたくさん世に送りだしています。一度はちがう道を歩もうとしましたが、子どものころの夢を思いだし、ロボットづくりにふみだしたそうです。

高橋智隆（たかはし ともたか）
株式会社ロボ・ガレージ代表取締役社長、東京大学先端科学技術研究センター特任准教授。京都大学工学部で学ぶかたわら、ロボットづくりをはじめ、2003年にロボ・ガレージを創業。ロビ、ロボホンなどたくさんのロボットを製作している。

鉄腕アトムにあこがれて
ロボットづくりの道へ

高橋さんは、子どものころにまんが『鉄腕アトム』を読んで、「将来、ロボットをつくる科学者になりたい」と思い、機械やものづくりに興味をもちました。しかし、ずっとロボットの研究をしていたわけではなく、最初はロボットとはまったく関係のない勉強をしていたそうです。

そんな高橋さんの転機となったのが、大学を卒業し、社会に出ようとしたとき。自分が何をしたいのかを考えなおした結果、子どものころの夢だったロボットづくりをしたいと思うようになり、京都大学工学部に入学しなおしました。そして、ロボットづくりに役立ちそうな授業などを受けながら、独学でロボットづくりも進めていきました。

自然なしぐさや会話ができるコミュニケーションロボットのロビは、身長34センチメートル、体重1キログラム。1週間ごとに売りだされるパーツを集めて組み立てるロボットとして発売された。購入者の4割が女性で、マニアではない人たちがロボットと触れあうきっかけにもなった。

> 私は、おとなになってからコンピュータやロボットと実際に触れあうようになりました。でも、この本を読んでいるみなさんは、コンピュータやロボットがすでに当たり前のようにある環境で育っているので、またちがった発想で新しい発明・発見をしてくれると期待しています。機械やコンピュータのことを知るのも大切ですが、人間のことを知らないと、いいロボットをつくることはできません。ですから、子どものときにしかできない、さまざまな体験を通して、感動やおどろきといった感性を育んでください。いつかロボットのプロジェクトで、みなさんといっしょに開発できる日を楽しみにしています。

人の役に立つ小さくてかしこいロボット

高橋さんは、自分のものづくりの原点となった『鉄腕アトム』のように、二足歩行する人型のロボットにこだわって製作を続けています。人型ロボットが人といっしょに生活するには、人とコミュニケーションをとれることが大切です。まんがやアニメでは、小さくてものしりなキャラクターが、主人公を助けてくれることがよくあります。高橋さんは「そういうキャラクターは、決して力もちではないけれど、主人公の話し相手になったり、アドバイスをしてくれたりします。人型ロボットの役割は、人と会話しながら人によりそうことだと思います」と話してくれました。そのような考え方から、人のよき相棒となるような小型のコミュニケーションロボットを開発しているのです。

世界初の試みに挑戦しつづける楽しさ

高橋さんのロボットづくりの原動力は、「自分が使ってみたい、見てみたい」という個人的な好奇心です。小さな体の中に、いろいろな機械をつめこんでいくので、デザイン、機械設計、試作と製作を進めるうちに、計画どおりいかない部分も出てきます。そのつど、いろいろな部分を見直し、調整していくので、すべての工程がわかっていないとロボットをつくることはできません。

コミュニケーションロボットの分野は、まだはじまったばかりで、手のつけられていないことや、やるべきことがたくさん残っているそうです。「ロボットは、何をやっても世界初の試みとなります。そこにチャレンジしつづけていけるのが大きな魅力です」と高橋さんは教えてくれました。

2016年に発売されたロボット型の携帯電話ロボホン（→2巻）。身長19.5センチメートル、体重390グラム。歩行やダンスなどのほかに、メールを送ったりレストランを調べたりできる。

高橋さんはロボット教室のアドバイザーとして、子どもたちのための教材の開発もしている。この写真は、ロボット教室の生徒が自分で考えたロボット。思いもつかない、楽しいアイデアを出す生徒がたくさんいるそう。

2.8メートルの巨人になれる！外骨格ロボット

阿嘉倫大さん（スケルトニクス株式会社）

「スケルトニクス」は、巨大な体にのりこんで自由自在に動かせる外骨格ロボット（※）です。動力は人なのでモータは使いません。阿嘉さんたちの「巨大ロボットにのってみたい」という思いから生まれ、進化を続けています。

これを全身に応用したら巨大ロボットになる！

ものづくりが好きで、高等専門学校の「ロボット製作委員会」に入部した阿嘉さん。そこで仲間たちと出会い、「アイデア対決・全国高等専門学校ロボットコンテスト」（通称：高専ロボコン）に取り組んだことが、スケルトニクス開発のきっかけだといいます。

優勝した2008年は二足歩行がテーマ。歩はばを大きくするため、「リンク機構」（※）の設計に取り組んでいるときに「これを全身に応用すれば巨大ロボットになる！」というアイデアがひらめき、それがスケルトニクスの開発につながりました。

高専ロボコンに出場するためのロボット開発は、本当に大変でしたが、とてもやりがいがあり、かべにぶつかっても、それをのりこえる喜び、チームでものをつくるワクワクするような楽しさがあったそうです。この熱い思いが忘れられず、仲間によびかけて、本格的にスケルトニクスをつくることにしました。

阿嘉倫大（あか ともひろ）

スケルトニクス株式会社代表取締役CEO（最高経営責任者）。ものづくりが大好きで沖縄工業高等専門学校機械システム工学科（当時）に入学。仲間とともにロボット開発に打ちこみ、第21回「アイデア対決・全国高等専門学校ロボットコンテスト」（2008年）で優勝。2010年からスケルトニクスの開発に取り組んでいる。

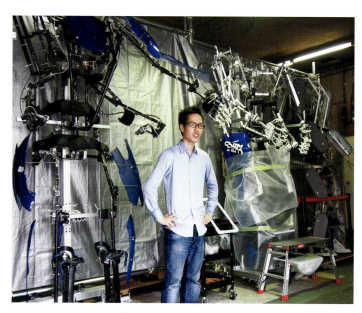

会社のエントランスにずらりとならぶスケルトニクス。いちばん奥が初号機・第1世代、手前が第5世代。メカニックな巨体は見上げるほどの大迫力。のりこみ体験ができるイベントでは30分〜1時間待ちの列ができるという。

※外骨格ロボット：体に装着するロボットのこと。パワードスーツ、ロボットスーツなどともよばれる。人の動きを助けたり、力を増殖させたりといった用途のものが多い。

軽くするため、「人」を動力に

　スケルトニクスは別名「動作拡大スーツ」。操縦する人のうでや足の動きを、そのままロボットに伝える「リンク機構」（※）という技術を使っています。これで高さ2.8メートル、両うでを広げると3.5メートルにもなる巨体を動かします。

　人力のロボットだというのも阿嘉さんたちのこだわりのひとつ。モータをつけはじめると、それをささえるモータ、さらにそれをささえるモータとどんどん数がふえて、機体が重くなってしまうので、モータは一切使わないことにしました。できるだけ軽くして、人の複雑な動きを正確に伝えることに集中したのです。

©スケルトニクス株式会社

©スケルトニクス株式会社

2010年夏から2011年2月までの約半年ほどで完成した初号機・第1世代。動いているすがたを撮影し、インターネットの動画サイトにのせたところ、世界中から大きな反響があった。

世界初のロボットホテル「変なホテル」（ハウステンボス→2巻）にある第4世代のスケルトニクス。初号機と比べて装着にかかる時間も短くなり、長くのれるように改良された。まるでロボットアニメや映画に出てくるみたいな見た目でかっこいい。

外骨格ロボットを使ったスポーツの可能性を探る「スター計画」

　スケルトニクスを見て、介護や救助の現場で役立ちますか？　と質問されることもあるそうですが、「スケルトニクスは動力が搭載されていないので、救助の現場などで活やくすることはできません。ただ、今後の開発で大きさだけでなく、力も拡張することができれば、そのような機会を得ることができるかもしれません」と阿嘉さんはいいます。

　では、スケルトニクスがどんな場面で活やくするかというと、それはエンターテインメントの分野。現在は、イベントなどに貸しだす機会もふえてきました。巨大な人型ロボットが、自由自在に動くすがたを直接目にした人たちはとてもおどろき、喜んでくれるといいます。これをさらに一歩進め、エクストリーム・スポーツ（スノーボードやマウンテンバイクなどで、はなれわざを競う）で感動をあたえることができないかと考えるようになったという阿嘉さん。これを「スター計画」と名づけ、はげしい動きにもたえる、外骨格の開発に取り組みはじめているところです。

　この本を読んでいる「ロボットが好き」「ものづくりが好き」なみなさんにアドバイスするとしたら、当たり前のようだけど「たくさん本を読んでしっかり勉強しよう」ということ。変化球で勝負できることもあるけれど、技術の世界でも、やっぱり正面からまっすぐ、ストレートの速球で勝負できる力をつけてほしいと思います。

※リンク機構：いくつかのリンクを組みあわせた機械システムのこと。リンクとは、細長い棒のようなもので、端にリンク同士をつなぐジョイントがある。ジョイントでつないだリンク同士は関節のように動く。自動車のワイパーやパワーショベル、かさの骨組みなど身近なものに使われている。

「今お話してもいいですか？」お話じょうずなロボット

渋谷正樹さん（富士ソフト株式会社）

人型ロボット「パルロ」（→2巻）はお話じょうず。会話がポンポンはずみ、まるで友だちと話をしているようです。人間を知ることからはじめたという開発者・渋谷さんの熱意と、ソフトをつくる会社ならではの技術から誕生しました。

「人の脳」をつくろうとしたら、形も人間になった

渋谷さんの勤める富士ソフトは、コンピュータに仕事をさせるための仕組み（ソフトウエア）をつくる会社です。コンピュータは、ソフトウェアとよばれる命令書がなければただのはこ。何も仕事をすることはできません。渋谷さんがロボットづくりをすることになったきっかけは、新しいソフトウェアの開発で、「人間の脳」と同じように「考える」ことのできる人工知能（AI）をつくろうと思ったからでした。

人と同じように考え、音声を出して話せればそれでよかったので、最初は人型にする予定はありませんでした。でも、考えて行動するには、見たり聞いたりして、まわりのようすを知る必要があります。取りつけたカメラが、前後左右、上下を見るためには「首」が必要でした。また、たくさんの音の中から必要な音を聞きとるにはマイクひとつでは足りないので、ふたつつけたら「耳」になりました。そうやって少しずつ人型ロボットになっていきました。

渋谷正樹（しぶや まさき）

富士ソフト株式会社常務執行役員。2008年ごろからロボット研究に取り組み、2010年に「パルロ」を発表した。現在は、たくさんのお年よりと会話を楽しんだり、体操を教えたりする、より進化したパルロに加え、家族とコミュニケーションする「パルミー」なども生まれ、多くの人たちに親しまれている。

製品になる以前につくられた試作品4号機。

最初は渋谷さんひとりで設計をしていたロボット部門に、今では技術スタッフ、プログラマなど、それぞれの専門知識をもった大勢の社員がかかわっている。会社の机の上にはテスト用のパルロがずらり。

©富士ソフト株式会社

ロボットをつくることは、人間を知ること

パルロは100人の顔と名前を覚えることができ、その人と会話をするたびに、話した内容を記おくしていきます。きちんと相手の顔を見て、そのときの表情や声の調子から、相手に合わせて話します。でも最初はこんな気づかいのできるロボットではありませんでした。「ロボットをつくることって、人間を知ることなんです」と渋谷さんはいいます。渋谷さんはパルロと接したたくさんの人の意見を聞き、こういう話し方をすると人はきずつく、こういう反応だと冷たく感じるなど、一つひとつ問題点を取りあげて、改良を重ねていきました。また、会話じょうずな人はどんな話し方をしているのか、多くの人に会って研究しました。「返事は0.4秒で返すと気持ちよく会話が続く」というのも、人から学んだ会話のコツのひとつです。

集まったお年よりに、パルロが体操を教えているところ。最初は二足歩行ができ、手をぐるぐる回すぐらいの動きだったが、「パルロが動くとお年よりが喜ぶ」と聞いて、ダンスしたり、歌を歌ったりすることもできるようにと改良を加えていった。

電話ボックスみたいなロボットがあってもいい

コミュニケーションロボットとしてつくられたパルロは、まず「人が話しやすい」形をしています。さらに、介護施設で働くパルロは、ダンスや体操を教えるのに適した動きをしますし、家庭用につくられた「パルミー」は、家族といっしょに言葉や歩行を覚え、「成長」します。

パルロをこれからも進化させていくのと同時に、パルロで積みあげてきた人工知能（AI）の技術を使って、さまざまなロボットをつくりたい、と渋谷さんは考えています。たとえば日本に来た海外の人が、自分の国の言葉で気軽に利用できる案内ロボット。昔の電話ボックスのように、人がひとり入ることができるくらいの個室型のロボットにすれば、にぎやかな場所でもゆっくり話ができそうです。人型にかぎらず、使う場面に合った、使いやすいロボットを提供していきたい、と渋谷さんの夢は広がります。

「パル（友だち）」と「ロボット」を合わせて、「パルロ」と名づけられた。1.8キログラムともちはこびしやすい重さ、ほんのり温かくて丸っこい体など、親しみやすさをとことん考えたつくりになっている。

> 人間って調べれば調べるほど、本当にすごいんです。ロボットはまだまだ人間に遠くおよびません。ロボット開発には、かなりの根気が必要ですが、その点「夢中になれる人」は強いですね。スポーツでも遊びでも何でもいい。何かに夢中になれること、夢中になって何かができるというのは技術者に欠かせない才能だと思います。

ロボットと触れあえる・出会える場所

ロボットが展示されていたり、触れあったりすることのできる、科学館や博物館、また施設などが全国にあります。

ロボットヲ身近デ感ジラレルヨ！

神奈川県「ロボット体験施設」

神奈川県藤沢市辻堂神台2-2-1アイクロス湘南3階　ロボテラス
https://www.pref.kanagawa.jp/docs/sr4/cnt/f430080/p811336.html

実際の家のような環境で、ロボットがあるくらしを体験できます。介護ロボットや、コミュニケーションロボットなど、私たちの生活をささえるさまざまなロボットが展示されていて、触ったり使ってみたりすることができます。

©神奈川県
（左）かぼちゃん（右）パルロ

日産自動車

《栃木工場》
栃木県河内郡上三川町上蒲生2500
☎0285-56-1214
《日産車体 湘南工場》
神奈川県平塚市堤町2-1　☎0463-21-9720
http://www.nissan-global.com/JP/PLANT/

自動車をつくっている工場で、産業用ロボットが組み立てているところや、自動車ができるまでの工程などを見ることができます。栃木工場、湘南工場のほかにも見学できる工場があります（いわき工場、横浜工場、追浜工場、日産自動車九州）。

©日産車体株式会社

ハウステンボス

長崎県佐世保市ハウステンボス町1-1
☎0570-064-110
http://www.huistenbosch.co.jp/

テーマパークのハウステンボスには、ロボットといっしょに楽しめる「ロボットの王国」があります。パーク内にはロボットのダンスショーを見ることができたり、ロボットと触れあえたりする「ロボットの館」、ロボットのバーテンダーや料理長などがいる「変なレストランROBOTO」など、いろいろな施設があります。

©ハウステンボス／J-17760
※2024年5月現在終了

ロボスクエア

福岡県福岡市中央区六本松4-2-1 福岡市科学館
☎092-731-2525
https://www.fukuokacity-kagakukan.jp/

たくさん展示してあるロボットの中には、触れたり動かしたりすることができるものもあります。また、ロボット教室やプログラミング教室、セグウェイ体験教室などのイベントに参加することもできます。（ロボスクエアは2017年10月より内容を変えて福岡市科学館へ統合されます。福岡市科学館のホームページ http://www.fukuokacity-kagakukan.jp/）

©ロボスクエア

★それぞれ、くわしくは各ホームページを参照してください。（情報は2024年5月現在）

札幌市青少年科学館
北海道札幌市厚別区厚別中央1条5-2-20 ☎ 011-892-5001
http://www.ssc.slp.or.jp/
指示したとおりに動くロボットや、二足歩行の解説をしてくれるロボットなどが展示されています。サッカーをするロボットのショーなどを見ることもできます。

日立シビックセンター科学館
茨城県日立市幸町1-21-1 ☎ 0294-24-7731
http://www.civic.jp/science/
ロボットアームの「ロボット画伯アートン」が、器用に紙に絵をかいてくれます。見学者はその絵をもちかえることができます。

サイエンス・スクエア つくば
茨城県つくば市東1-1-1 ☎ 029-862-6215
http://www.aist.go.jp/sst/ja/
産業技術総合研究所の研究成果を紹介している常設展示施設です。ロボットの展示コーナーもあり、アザラシ型セラピーロボットのパロは触ったり抱いたりすることができます。

日本科学未来館
東京都江東区青海2-3-6 ☎ 03-3570-9151
http://www.miraikan.jst.go.jp/
アザラシ型セラピーロボットのパロ、ヒューマノイドのASIMO、アンドロイドなど、さまざまなロボットが動いたり話したりする実演が行われ、実際に触れあえるロボットもあります。

TEPIA先端技術館
東京都港区北青山2-8-44 ☎ 03-5474-6128
http://www.tepia.jp/
警備ロボットReborg-X、人工知能ロボットKibiro、産業用ロボットなどたくさんのロボットが展示されています。ロボットの基本がわかるコーナーや、ロボット教室などもあります。

新潟県立自然科学館
新潟県新潟市中央区女池南3-1-1 ☎ 025-283-3331
http://www.sciencemuseum.jp/niigata/
「生活を豊かにするロボット」のコーナーには、身近なロボットそうじ機やヒューマノイド、会話ができるロボットなどが展示されています。

トヨタ産業技術記念館
愛知県名古屋市西区則武新町4-1-35 ☎ 052-551-6115
http://www.tcmit.org
ロボットのバイオリン演奏を見ることができ、自動車の塗装や組み立てを行う産業用ロボットの展示などもあります。

大阪市立科学館
大阪府大阪市北区中之島4-2-1 ☎ 06-6444-5656
http://www.sci-museum.jp/
1928年に製作され、東洋初のロボットといわれる学天則を復元したものがあります。目や口が動いて表情が変わり、ペンで字を書くような動きをします。また、ルービックキューブを解くロボットもあります。

山口県立山口博物館
山口県山口市春日町8-2 ☎ 083-922-0294
http://www.yamahaku.pref.yamaguchi.lg.jp/
ロボットコーナーでは、産業用ロボットがボールを投げあったり、人と協力してミニロボットを組み立てたりします。小さな粒をならべて絵をつくるロボットなどもあります。

カワサキワールド
兵庫県神戸市中央区波止場町2-2（神戸海洋博物館内）
☎ 078-327-5401
http://www.khi.co.jp/kawasakiworld/
産業用ロボットがロボットを組み立てたり、大きなドラム缶をもちあげたりと、さまざまなパフォーマンスを見せてくれます。1969年につくられた国産初の産業用ロボットの実物も展示されています。

福岡県青少年科学館
福岡県久留米市東櫛原町1713 ☎ 0942-37-5566
http://www.science.pref.fukuoka.jp/
ゲームをして遊べるコミュニケーションロボットや、両うでを使ってじょうずに絵をかくロボットなどがあります。ロボットにかんする技術の豆知識の展示などもあります。

ロボットにかかわる勉強・仕事をするには？

この本を読んだ人の中には、将来、ロボットの研究をしたり、ロボットをつくったりしたい、と思っている人もいるでしょう。そんなみなさんのために、ロボットにかかわることを学べる場所や、働ける場所を紹介します。

学ぶ

高等学校

略して高校とよばれている、3年制の学校です。一般的な教育を行う普通科のほかに、工業、商業、農業、水産など、専門分野に特化した高校もあります。工業高校では、機械、電子・電気、情報処理、コンピュータなど、ロボットの技術にかかわることを学べます。

高等専門学校

略して高専ともよばれています。高校とはちがい5年制です。職業に必要な専門的な知識、技術を教え、優秀な技術者を育てる目的があります。高専では、ロボットにかかわる分野の専門的な教育を受けることができます。

専門学校

学ぶ分野は大学や短期大学などとあまり変わりませんが、大学は学問を中心として学ぶことが多く、専門学校は技術職などにつくことを前提に、技術を中心に学ぶ学校が多いです。1年制のところもあれば、4年制のところもあります。

大学、短期大学

大学は4年制、短期大学は2年制です。ロボットの体（機械）の材料、設計、製作などにかかわる機械工学科、電気や電子の仕組み、性質などを応用した技術を研究する電気・電子工学科、コンピュータの技術を使って、情報や通信技術の研究をする情報工学科などがあります。もっとわかりやすく「ロボティクス」や「ロボット」という名称のついた学科もあります。

大学院

大学のさらに上におかれている機関で、より専門的な研究をするところです。研究者をめざす人も多く、修士課程に進み修士論文の審査に合格すれば「修士（マスター）」、さらに博士課程に進み、博士論文の審査に合格すれば「博士（ドクター）」の学位があたえられます。

★ここに書いてあることは一例です。このほかにも、いろいろな過程を経て、ロボットにかかわる勉強や仕事をしている人がいます。

働く

大学（研究室）

大学や大学院を卒業したあとに、大学の教員として、学生に教える立場になる人もいます。工学系などの学部がある大学には、ロボットにまつわる研究室もあります。そこで学生に教えながら、研究者として、ロボット研究を行うこともできます。

会社

産業用ロボットメーカーのほか、電機メーカー、自動車メーカー、おもちゃメーカーなど、さまざまな会社がロボットの分野に進出しています。職種としては、ロボットエンジニア、システム開発者、設計者などがあります。また、部品製造や金属加工など、ロボットをつくる材料にかかわる工場、会社もあります。

研究機関

ロボットにかんする研究機関もあります。公的なものだと理化学研究所や産業技術総合研究所、国立情報学研究所などがあり、民間の研究所や、大学が運営している研究センターなどもあります。大学や大学院を卒業したあとには、そういった研究機関の研究員になる人もいます。

科学館などの施設

科学館や博物館などの施設では、ロボットを展示したり、ロボット工作教室を行ったりしているところがあります。そのような施設の運営にたずさわる職員になる人もいます。

個人

会社や施設で働くのではなく、個人で仕事をしている人もいます。設計からデザイン、製作まで、すべて自分で行うことができるロボットクリエーターや、ロボットの見た目を考えるロボットデザイナーなどの職業があります。

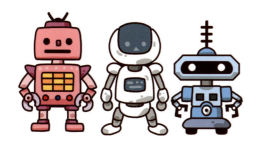

さくいん

【あ】

アイビジョン ・・・・・・・・・・・・・・・・・・・・・・・・・・・・ 41
iBones ・・・・・・・・・・・・・・・・・・・・・・・・・・・・・・・・・・・ 33
ASIMO ・・・・・・・・・・・・・・・・・・・・・・・・・・・・・・・ 26,51
アメンボロボット ・・・・・・・・・・・・・・・・・・・・ 13,36,37
アンドロイド ・・・・・・・・・・・・・・・・・・・・・・・・・・・ 5,51
イプシロン ・・・・・・・・・・・・・・・・・・・・・・・・・・・・・・ 29
医療ロボット ・・・・・・・・・・・・・・・・・・・・・・・・・・・・ 24
宇宙探査機 ・・・・・・・・・・・・・・・・・・・・・・・・・・・・・・ 42
エンターテインメントロボット ・・・・・・・・・・・・ 18
音手 ・・・・・・・・・・・・・・・・・・・・・・・・・・・・・・・・・・・・ 18

【か】

外骨格ロボット ・・・・・・・・・・・・・・・・・・・・・・・ 46,47
顔認識技術 ・・・・・・・・・・・・・・・・・・・・・・・・・・・・・・ 40
学天則 ・・・・・・・・・・・・・・・・・・・・・・・・・・・・・・・・・・ 51
カタツムリロボット ・・・・・・・・・・・・・・・・・・・ 36,37
かべ登りロボット ・・・・・・・・・・・・・・・・・・・・・ 38,39
カメラ ・・・・・・・・・・・・・・ 9,10,12,13,14,40,41,42,48
監視ロボット ・・・・・・・・・・・・・・・・・・・・・・・・・・・・ 24
機械人間オルタ ・・・・・・・・・・・・・・・・・・・・・・・・・・ 18
kibiro ・・・・・・・・・・・・・・・・・・・・・・・・・・・・・・・・・・・ 51
きゅんくん ・・・・・・・・・・・・・・・・・・・・・・・・・・・・・・ 20
巨大ロボット ・・・・・・・・・・・・・・・・・・・・・・・・・・・・ 46
警備ロボット ・・・・・・・・・・・・・・・・・・・・・・・・・・・・ 51
ごみばこロボット ・・・・・・・・・・・・・・・・・・・・・ 19,33
コミュニケーションロボット ・・・・・ 26,45,49,50,51
コンピュータ ・・・・・・・・・・・・・・・ 16,24,40,41,48,52
コンピュータビジョン ・・・・・・・・・・・・・・・・・ 40,41

【さ】

サイボーグ ・・・・・・・・・・・・・・・・・・・・・・・・・・・・・・・ 5
産業用ロボット ・・・・・・・・・・ 4,14,26,27,34,37,50,51,53
探査ロボット ・・・・・・・・・・・・・・・・・・・・・・・・・・ 42,43
GPS ・・・・・・・・・・・・・・・・・・・・・・・・・・・・・・・・ 9,10,12
自動運転 ・・・・・・・・・・・・・・・・・・・・・・・・・・ 8,9,12,40,41

小惑星探査機 ・・・・・・・・・・・・・・・・・・・・・・・・・ 42,43
自律型ロボット ・・・・・・・・・・・・・・・・・・・・・・・・・・ 30
人工筋肉 ・・・・・・・・・・・・・・・・・・・・・・・・・・・・・・・・ 37
人工知能（AI） ・・・・・ 5,8,9,14,15,28,29,41,42,48,49
水上移動ロボット ・・・・・・・・・・・・・・・・・・・・・・・・ 12
スケルトニクス ・・・・・・・・・・・・・・・・・・・・・・・ 46,47
スマホ（スマートフォン） ・・・・・・・・・・・・・・ 20,41
セグウェイ ・・・・・・・・・・・・・・・・・・・・・・・・・・・・・・ 50
センサ ・・・・・・・・・・・・・・・・・・ 4,9,10,13,14,24,41,43
全日本ロボットすもう大会 ・・・・・・・・・・・・・・・・ 30
ゾウの鼻ロボット ・・・・・・・・・・・・・・・・・・・・・ 36,37
ソーシャルロボット ・・・・・・・・・・・・・・・・・・・・・・ 33
ソフトロボティクス ・・・・・・・・・・・・・・・・・・・ 36,37

【た、な】

卓球ロボット ・・・・・・・・・・・・・・・・・・・・・・・・・・・・ 14
WRO（ワールド・ロボット・オリンピアード） ・・・ 30
地平アイコ ・・・・・・・・・・・・・・・・・・・・・・・・・・・・・・ 26
チョウ型ロボット ・・・・・・・・・・・・・・・・・・・・・・・・ 39
テレプレゼンスロボット ・・・・・・・・・・・・・・・ 16,17
TWENDY-ONE ・・・・・・・・・・・・・・・・・・・・・・・・・・ 35
Talking-Ally ・・・・・・・・・・・・・・・・・・・・・・・・・・・・・ 32
ドローン ・・・・・・・・・・・・・・・・・・・・・・・・・・・ 10,11,15
二足歩行ロボット ・・・・・・・・・・・・・・・・・・・・・・・・ 22
日本工業規格（JIS） ・・・・・・・・・・・・・・・・・・・・・・・ 4
NEXTAGE ・・・・・・・・・・・・・・・・・・・・・・・・・・・・・・ 26

【は】

パートナーロボット ・・・・・・・・・・・・・・・・・・・・・・ 26
バイオミメティクス ・・・・・・・・・・・・・・・・・・・ 22,23
バイオロボティクス ・・・・・・・・・・・・・・・・・・・ 22,36
バシリスク型ロボット ・・・・・・・・・・・・・・・・・・・・ 39
バッタ型ロボット ・・・・・・・・・・・・・・・・・・・・・・・・ 39
はやぶさ ・・・・・・・・・・・・・・・・・・・・・・・・・・・・・ 42,43
パルロ ・・・・・・・・・・・・・・・・・・・・・・・・・・・・・ 26,48,49
パロ ・・・・・・・・・・・・・・・・・・・・・・・・・・・・・・・・・・・・ 51
ビッグクラッピー ・・・・・・・・・・・・・・・・・・・・・・・・ 18

人型ロボット ・・・・・・・・・ 22,26,27,34,45,47,48
ヒューマノイド ・・・・・・・・・・・・・ 5,26,34,35,51
ピューロ ・・・・・・・・・・・・・・・・・・・・・・・・・・・・ 37
フォルフェウス ・・・・・・・・・・・・・・・・・・・・ 14,15
不気味の谷現象 ・・・・・・・・・・・・・・・・・・・・・・ 27
プログラム ・・・・・・・・・・・・・・・・・・・・・・・・・ 4,30
分子ロボティクス／分子ロボット ・・・・・・ 25
ヘビ型ロボット ・・・・・・・・・・・・・・・・・・・・・・ 23
Pelat ・・・・・・・・・・・・・・・・・・・・・・・・・・・・・・・ 33
ホバーボール ・・・・・・・・・・・・・・・・・・・・・・・・ 15

【ま、や】

マイクロマウス ・・・・・・・・・・・・・・・・・・・・・・ 30
マイクロロボット ・・・・・・・・・・・・・・・・・・・・ 24
マコのて ・・・・・・・・・・・・・・・・・・・・・・・・・・・・ 32
MINAMO ・・・・・・・・・・・・・・・・・・・・・・・・ 12,13
ミミズロボット ・・・・・・・・・・・・・・・・・・・・ 36,37
む～ ・・・・・・・・・・・・・・・・・・・・・・・・・・・・・・・・ 19
モータ ・・・・・・・・・・・・・・・・・・・・・・・・・・・・ 46,47
弱いロボット ・・・・・・・・・・・・・・・・・・・ 19,32,33

【ら】

Reborg-X ・・・・・・・・・・・・・・・・・・・・・・・・・・・ 51
リンク機構 ・・・・・・・・・・・・・・・・・・・・・・・・ 46,47
ロビ ・・・・・・・・・・・・・・・・・・・・・・・・・・・・・・・・ 44
ロボカップジュニア ・・・・・・・・・・・・・・・・・・ 30
ロボットアーム ・・・・・・・・・・・・・・・・・・・・・・ 20
ロボットクリエーター ・・・・・・・・・・・・・・ 44,53
ロボット政策研究会 ・・・・・・・・・・・・・・・・・・・ 4
ロボットデザイナー ・・・・・・・・・・・・・・・・・・ 53
ロボット力士 ・・・・・・・・・・・・・・・・・・・・・・・・ 30
ロボティクスファッション ・・・・・・・・・・・・ 20
ロボホン ・・・・・・・・・・・・・・・・・・・・・・・・・・ 44,45

【わ】

WABOT-2 ・・・・・・・・・・・・・・・・・・・・・・・・・・ 34
WABOT-1 ・・・・・・・・・・・・・・・・・・・・・・・・・・ 34
WAMOEBA ・・・・・・・・・・・・・・・・・・・・・・・・ 35
WAMOEBA-2 ・・・・・・・・・・・・・・・・・・・・・・ 35

監修
一般社団法人日本ロボット工業会

スタッフ
イラスト
ヨシムラヨシユキ
マカベアキオ

装丁・デザイン・DTP
ニシ工芸株式会社（小林友利香　西山克之）

原稿協力
スタジオアラフ（荒舩良孝）
株式会社アードバーク（丸山貴史）
腰本文子
長井亜弓

撮影協力
スタジオアラフ（荒舩良孝）
腰本文子
長井亜弓

編集協力
株式会社アマナ／ネイチャー＆サイエンス
（室橋織江）

取材・写真・資料協力（順不同）

アマナイメージズ／アフロ／ピクスタ／首都大学東京／中央大学／オムロン株式会社／東京大学／日本バイナリー株式会社／smilerobotics／株式会社ヨコブン／株式会社カケザン／大阪大学／バイバイワールド株式会社／豊橋技術科学大学／きゅんくん／稲垣鎌一／荻原楽太郎／株式会社QREATOR AGENT／カワダロボティクス株式会社／株式会社イトーキ／ファミリーイナダ株式会社／JAXA／富士ソフト株式会社／一般社団法人ロボカップジュニア・ジャパン／NPO法人WROJapan／公益財団法人ニューテクノロジー振興財団／早稲田大学／千葉工業大学／池下章裕／金出武雄／高橋智隆／スケルトニクス株式会社／神奈川県／ハウステンボス／ロボスクエア／日産車体株式会社

ロボット大研究
③どうなる？ こうなる？　ドリーム☆ロボット

2017年3月　初版第1刷発行
2025年6月　初版第10刷発行

発行者　吉川隆樹
発行所　株式会社フレーベル館
　　　　〒113-8611　東京都文京区本駒込6-14-9
　　　　電話　営業 03-5395-6613
　　　　　　　編集 03-5395-6605
　　　　振替 00190-2-19640
印刷所　TOPPANクロレ株式会社

56P ／ 29×22cm ／ NDC500
ISBN978-4-577-04449-0
©フレーベル館 2017
Printed in Japan

本書の無断複製や読み聞かせ動画等の無断配信は著作権法で禁じられています。
乱丁・落丁本はおとりかえいたします。
フレーベル館出版サイト　https://book.froebel-kan.co.jp

ロボット大研究 全3巻

監修 一般社団法人 日本ロボット工業会

1 びっくり！オドロキ！ロボットワールド！

ロボットってなんだろう？
ロボットの歴史や基本的な仕組みを楽しく解説。

2 こんなことから あんなことまで！ともだちロボット！

工場やお店で働くロボット、生活支えんロボット、警備ロボットなど、
さまざまなロボットを一挙紹介！

3 どうなる？こうなる？ドリーム☆ロボット

ロボットの最新研究やこれからのことを、
ロボット研究者のお話をまじえて紹介。